Scratch项目式编程实战：

打造超酷大型游戏

王鸿骏　朱华君　王文永　　编著

机 械 工 业 出 版 社

聚焦于打造一个超酷的大型游戏项目，全面升级计算思维与编程技能。

与你以往制作的各种各样的小项目不同，本书将带领你创作一个结构完整、功能完善、效果突出，且具有丰富拓展性的大型游戏项目。本书采用项目式学习的方法，将项目分解为30个功能模块，从角色造型、过场动画、信息录入、角色互动、生成地形、功能引擎等多方面进行制作，最终创作出一个具有个人特色的大型游戏项目。

在整个项目的创作过程中，你将学会Scratch中的各项功能和编程知识，培养用计算思维来解决问题，体会到创作的乐趣并收获成就感。

本书适合有一定编程基础的青少年阅读，也适合想要进一步提高编程和思维能力，喜欢挑战以及参加竞赛的读者学习，同时还可帮助老师开展相关课程的教学工作。

图书在版编目（CIP）数据

Scratch项目式编程实战：打造超酷大型游戏/王鸿骏，朱华君，王文永编著. —北京：机械工业出版社，2021.9（2024.10重印）

ISBN 978-7-111-68960-7

Ⅰ.①S…　Ⅱ.①王…②朱…③王…　Ⅲ.①程序设计　Ⅳ.①TP311.1

中国版本图书馆CIP数据核字（2021）第171606号

机械工业出版社（北京市百万庄大街22号　邮政编码100037）
策划编辑：林　桢　责任编辑：林　桢
责任校对：朱继文　封面设计：鞠　杨
责任印制：刘　媛
涿州市般润文化传播有限公司印刷
2024年10月第1版第6次印刷
184mm×260mm·11印张·212千字
标准书号：ISBN 978-7-111-68960-7
定价：79.00元

电话服务　　　　　　　　　网络服务
客服电话：010-88361066　　机　工　官　网：www.cmpbook.com
　　　　　010-88379833　　机　工　官　博：weibo.com/cmp1952
　　　　　010-68326294　　金　书　网：www.golden-book.com
封底无防伪标均为盗版　　机工教育服务网：www.cmpedu.com

PREFACE

前　言

　　本书配套使用的软件为 Scratch，这是一款简单易掌握的图形化编程工具，通过将代表各种功能、信息或逻辑的积木块合理组合在一起，就可以让每个人都能创作出属于自己的项目，如游戏或媒体项目。

　　本书全程运用项目式学习的方法来创作一个大项目。从角色造型、过场动画、信息录入、角色互动、生成地形、功能引擎等多方面，带领你创作一个基础结构完整，且具有丰富拓展性的作品。在整个项目的创作过程中，我们会学习 Scratch 中常用的各项功能，部分功能的优化处理方式，以及一些较为复杂功能的创作思路。

　　本书适合对 Scratch 感兴趣且有一定自学能力的学生，或掌握一定 Scratch 基础想要更进一步的读者阅读。对于刚刚接触 Scratch 的读者，建议先按照书中内容完整操作一遍，熟悉 Scratch 中各模块功能并学习编程基础知识。而对于有一定 Scratch 基础的读者，建议仔细阅读思考，并尝试根据自己的风格改进程序，在项目创作过程中查漏补缺，并融合不同思路与方法进行升级改造。

　　本书的素材及案例程序可从 QQ 群中获取，QQ 群号：42186597（禁言）、172511857（交流讨论）。同时可以关注微信公众号 ScratchXMSZ 获取更多 Scratch 相关知识，公众号主要内容为本书相关优质问答资料的汇总整理、Scratch 基础知识补充、Scratch 经典项目拆解分析等。对本书内容有任何疑问或建议可发送邮件至 scratchxmsz@163.com。

目　录

CONTENTS

1 创造角色

1.1 软件界面

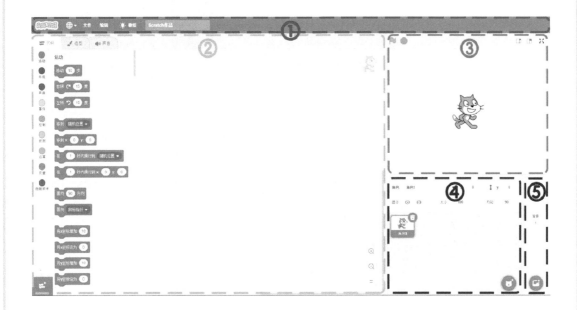

① 菜单栏：包含新建项目、上传项目、保存项目、撤销操作等基础功能及软件内语种设置和新手基础教程。

② 功能操作区：分为代码、造型、声音三部分。代码用于实现角色（背景）的具体功能，造型用于存储角色（背景）的图形样式，声音用于提供角色（背景）在项目中需要使用到的音频资源，每一个角色（背景）都拥有自己的代码、造型和声音。

③ 舞台：展示项目运行效果的区域，绿旗按钮用于启动项目，红圈按钮用于停止项目，根据需要可以切换小舞台、大舞台和全屏演示三种布局。在选择小舞台或大舞台的布局时，可以通过鼠标拖拽舞台中的角色以改变其位置。

④ 角色列表：展示项目中全部角色的区域，角色可以是人物、动物、装饰物甚至是抽象元素等，通过选中指定角色可以对该角色的代码、造型、声音进行创作和修改。

⑤ 背景：项目中要用的场景图片需要先添加到背景中。

1.2 新建角色与删除角色

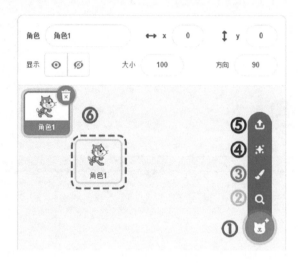

① 创建角色：鼠标单击可快速执行选择一个角色的操作，若鼠标指针触碰图标但鼠标按键未按下则会弹出选择栏，选择栏中包含四种创建角色的方式。

② 选择一个角色：进入软件自带角色库中选择一个角色。

③ 绘制：使用绘图工具自己动手绘制一个角色。

④ 随机：从软件自带角色库中随机选择一个角色。

⑤ 上传角色：从计算机中上传一个预先处理好的角色文件或图片。

⑥ 删除角色：通过鼠标单击选中角色，已选中的角色会被蓝色边框包裹，单击垃圾桶图标即可删除选中角色。

1.3 绘制角色造型

本项目通过绘制方式创建角色，在新项目中删除角色1并通过绘制来新建角色，新角色的造型默认使用矢量图编辑模式。矢量图是根据记录线的位置、形状、大小等几何特性信息绘制出的图像。这种类型的图像文件包含独立的分离图层，可以自由无限制地重新组合，而且无论将图像放大多少倍，放大后的图像都能保持清晰不失真。为了降低绘制难度，我们单击【转换为位图】改为使用位图编辑模式进行造型绘制。

位图也称为点阵图或栅格图，是由许多像素点组成的。因为扩大位图尺寸的效果是增大单个像素，所以放大位图时可以看见构成整个图像的无数个方块，使得图像中的线条和形状显得参差不齐，整体效果也会变得模糊。

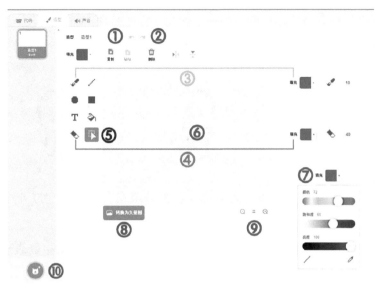

① 造型名称：为当前造型重新命名，尽量表达出造型含义。

② 撤销 / 恢复：撤销一步操作或恢复刚刚撤销的操作。

③ 画笔：绘制图案，根据需要可调整画笔颜色和画笔粗细。

④ 橡皮擦：擦除图案，根据需要可调整橡皮擦大小。

⑤ 选择工具：可以通过鼠标拖拽对造型的整体或局部进行框选，并对框选部分进行移动、复制、粘贴、删除、水平翻转和竖直翻转。

⑥ 造型中心：与角色的坐标位置和旋转中心有关，后续章节会详细介绍。

⑦ 调色板：通过颜色、饱和度、亮度三个参数对颜色进行设置。

⑧ 编辑模式：可在矢量图编辑模式与位图编辑模式间切换，切换时注意失真。

⑨ 比例工具：用于调整画布显示比例，分为缩小 / 自适应 / 放大。

⑩ 选择一个造型：为当前角色增加新造型，一个角色可以拥有多个造型。

在位图编辑模式下我们可以比较容易地绘制出别具特色的像素风图像，这种风格的图像强调清晰的轮廓和明快的色彩，而不依赖高超的绘画技巧。在进行像素图的绘制时，建议调整画笔大小为 1，同时调整橡皮擦大小为 1。调色板中的颜色可以根据自己的喜好来设置，若想使用简洁的灰阶色彩，只需将颜色饱和度的数值调整为 0 即可。将画布放大到可以清晰地观察到造型中心，尝试使用画笔工具绘制出右侧造型。绘制完成后使用选择工具框选图像，将图像移动到造型中心处，并将造型名称修改为"正面 - 底稿"。

添加角色造型，尝试使用复制、粘贴、翻转、橡皮擦等工具绘制出如下造型，造型名称依次为"右侧 - 底稿""背面 - 底稿""左侧 - 底稿"。

最后使用填充工具上色，将造型内部无色部分填充为白色，完成 4 个底稿造型的制作。

在完成底稿的基础上，参考下方示例在当前角色中再绘制一组更具表现力与个人特色的角色造型，并在绘制过程中熟悉各绘图工具的使用方法。

取色小技巧

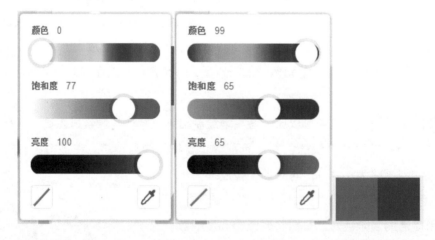

可以通过取色器工具选取画面中已有颜色进行绘制，以避免因记不清楚颜色参数导致画面中颜色太过杂乱。

可以通过将颜色数值略微调向冷色调并适当降低饱和度与亮度，快速获取与当前颜色匹配的阴影色。

2 造型展示

2.1 角色属性

　　使用鼠标单击角色列表中的缩略图选中对应角色，被选中角色会由蓝色边框包裹以突出显示，并且在角色列表中能够看到当前选中角色的各项属性值。

　　① 角色名称：为当前角色重新命名，尽量表达出角色定义或主要功能。

　　② 角色坐标：通过一组坐标值确定角色在舞台中的位置，x 坐标对应角色在舞台中水平方向的位置，y 坐标对应角色在舞台中竖直方向的位置。

　　③ 显示 / 隐藏：用来控制角色在舞台中是否可见。

　　④ 角色大小：将角色造型按照百分比放大或缩小后显示在舞台中。

　　⑤ 角色方向：用来控制角色在舞台中的面对方向（面向），注意角色造型默认对应 90° 面向，在进行造型设计时需要格外注意此问题。方向增加则角色顺时针旋转，方向减小则角色逆时针旋转，通过设置旋转方式可以改变旋转变化的表现效果。

2.2   坐标系与造型中心

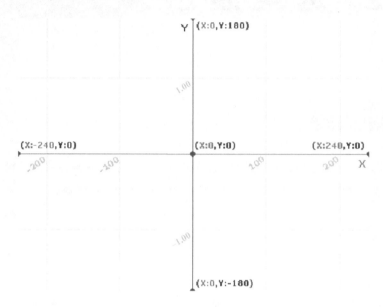

　　舞台中使用的坐标系如上图所示，称为平面直角坐标系。水平的数轴叫作 x 轴或横轴，竖直的数轴叫作 y 轴或纵轴，向右与向上分别为两条数轴的正方向。x 轴和 y 轴统称为坐标轴，它们的交点，即坐标为（x:0, y:0）的点称为直角坐标系的原点，原点坐标也可直接记为（0, 0）。在舞台中 x 轴的数值范围为 −240 ~ 240，y 轴的数值范围为 −180 ~ 180，在当前版本中允许角色坐标值超出舞台中坐标轴的数值范围，但需要保证角色的造型至少有小部分显示在舞台范围内。由于角色造型一般不会只由一个点组成，那么角色的坐标是如何定义的呢？

　　角色的造型通常是由多个色块组成的，覆盖了许多坐标点，我们要选取其中一个点作为角色造型的坐标点，而这个被选中的点就是前面提到的造型中心。

　　根据我们的需要，可以将造型中心设置在角色造型的几何中心、脚底、手部，甚至图形外。尝试使用选择工具将造型中心设置在角色造型的不同位置，观察在不改变角色坐标的情况下角色在舞台中的位置会发生怎样的变化。

2.3   初始设置与造型变化

　　我们可以通过直接单击代码模块运行其对应功能，也可以将多个代码模块组合成整体，通过单击最上方的代码模块运行整段功能，但更常用的方式是从事件类别中选取合适的代码模块制作启动方式。在事件类别中使用最多的启动方式就是【当绿旗被点击】，对应的启动操作就是单击舞台上方的绿旗按钮，一般默认使用此代码模块作为程序的开头。

我们将特定的一系列代码模块的组合称为程序，每次运行程序都可能会导致角色在舞台中发生变化，这些变化的结果将会被记录下来。再次运行相同的程序可能会受到之前运行结果的影响，导致两次运行后角色在舞台呈现的效果不一致。所以我们要在程序启动时对角色进行初始设置，让角色每次都以相同的状态开始执行功能。

1）使用运动类别中的【移到 x: ( ) y: ( )】对角色的位置进行初始设置。

2）使用外观类别中的【将大小设为 ( )】对角色的大小进行初始设置。注意在此代码模块的上方有一个描述十分相似的代码模块【将大小增加 ( )】，增加是一种相对变化，而设为是一种绝对变化，相对变化受当前状态影响，绝对变化不受当前状态影响。

3）使用外观类别中的【换成 ( ) 造型】对角色的造型进行初始设置。

具体设置如下图所示。

2.4 循环结构

在初始设置后使用外观类别中的【下一个造型】，让角色在舞台中进行造型变化，以实现动态效果。单击绿旗按钮运行程序后，发现角色并没有在舞台中实现动态变化。把我们的视线从舞台移动到代码上，并再次单击绿旗按钮，有没有发现按下绿旗按钮的瞬间整段程序闪了一下？

在我们制作的程序运行时，程序的外侧会被黄色边框包裹，以起到提示作用。但是因为计算机的运算速度很快，所以我们刚刚制作的程序在很短的时间内就运行完毕了，短到我们无法用肉眼观察到角色在舞台中发生了变化。为了能够清晰地观察到角色的变化效果，我们使用控制类别中的【等待 ( ) 秒】，将其插入到角色用于进行造型变化的模块之间。【等待（ ）秒】可以让程序在此处暂停指定时间后再继续执行后续功能，它也是我们观察程序运行效果并进行调试的好助手。需要注意的是等待功能的时间精度有限，无法实现非常精确的时间控制。

具体设置如下图所示。

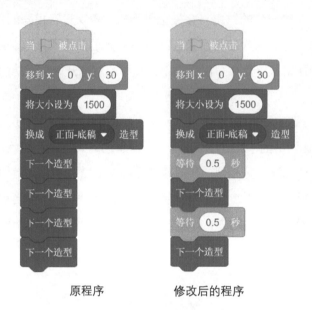

原程序　　　　修改后的程序

在我们刚刚编写的程序中各代码模块是按照由上至下的顺序逐个运行的，其称为顺序结构，顺序结构是一种最基础的程序结构。现在我们希望角色可以在舞台中不断地重复进行造型变化，这需要程序中的部分代码模块可以循环往复地运行，可以实现这种效果的程序结构称为循环结构。

在控制类别中找到【重复执行】，并将需要重复执行的代码模块【等待（0.5）秒】和【下一个造型】放入其内部。

具体设置如右图所示。

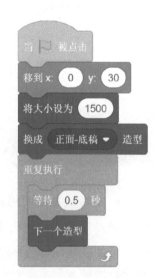

单击绿旗观察程序的运行效果，角色能够在舞台中按照造型列表中的顺序不停变化造型，并且当角色变化到造型列表中的最后一个造型时，继续变化会重新显示角色的第一个造型。

MyG 3 字符跃动

3.1 背景特效

在前面内容中我们了解到舞台中 x 轴的数值范围为 –240 ~ 240，y 轴的数值范围为 –180 ~ 180，在接下来绘制背景时要注意长宽比例。鼠标单击背景缩略图选中背景，将功能操作区切换为背景面板，绘制背景时的各类操作与绘制造型时基本保持一致。接下来将创建项目时生成的默认背景名称修改为"开场背景"，并将编辑模式切换为位图编辑模式。调整画笔大小为 1，放大画布至可以清晰地观察造型中心，选择合适的颜色按照比例绘制一个简单的色块交错背景，案例中绘制的是一个大小为 8×6 的灰白交错网格。

因为背景与舞台之间的位置关系是绑定的，所以与角色相比背景缺少了许多属性，没有坐标用于实现背景的移动，没有放大缩小用于调整呈现在舞台的比例，无法隐藏也无法进行旋转。我们绘制的背景在画布中呈现何种效果，那么舞台中的背景就是何种效果。使用选择工具并框选绘制好的灰白网格，保持选区的长宽比例拉伸放大至铺满画布。先使用鼠标对位置进行粗略调整，再通过键盘的方向键对位置进行精细调整，反复操作几次就可以得到一个最佳的显示效果。

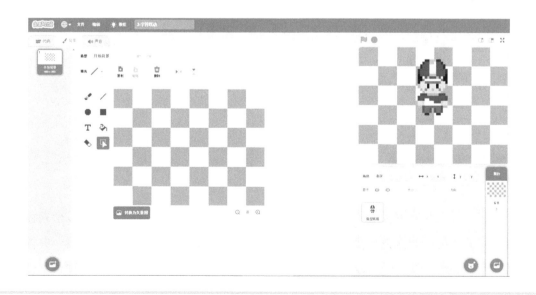

单纯的灰白网格太过单调，无法很好地吸引到玩家的注意力，那么我们来给它增加一些特效吧。

在外观类别中有【将（ ）特效增加（ ）】和【将（ ）特效设定为（ ）】两个可以对背景进行特效处理的代码模块。其中【将（ ）特效设定为（ ）】常用来进行背景特效的初始设置，而【将（ ）特效增加（ ）】配合【重复执行】则用于实现背景特效的动态变化。有些时候我们会使用多种特效来增添效果，此时【清除图形特效】将是一个十分好用的可以对背景进行初始特效设置的代码模块。

能够施加的特效包括颜色、鱼眼、漩涡、像素化、马赛克、亮度和虚像，使用时需要注意各种特效的数值范围。颜色、鱼眼、漩涡和亮度四种特效值为矢量，矢量是一种既有大小又有方向的量，这些特效值的正和负会在变化趋势上呈现相反效果。像素化、马赛克和虚像三种特效值则为标量，标量只有大小。下面我们使用颜色特效来为背景增添一些变化，大家也可以尝试使用其他特效。

具体设置如下图所示。

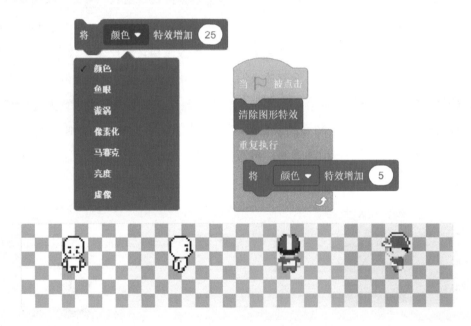

3.2 角色运动

我们将此项目命名为 My Game，并绘制相应的六个字符角色，拆分成多个角色进行绘制是为了便于制作更丰富的动态效果。大家也可以为自己的项目进行命名，并绘制相应的字符角色。绘制时可以参考各种具有特色的字体来进行创作，因为本项目整体风格偏向像素化，所以这里推荐 04B_30 和 04B03 两种字体供参考。在进行绘制时要注意，造型中心的设定要符合英文书写格式，如下图所示。

接下来我们对字符角色进行初始设置，首先将大小设置为合适的数值，再通过鼠标在舞台中拖拽字符角色来确定其大致位置，思考一下为什么要先设置大小后设置位置。下面在角色当前坐标的基础上进行细微调整，为每个字符角色确定准确的初始位置。以字符角色 M 为例，其初始设置程序如右图所示。

之后依次完成各字符角色的初始设置，舞台效果如下图所示。

接下来为字符角色添加一些动态效果，首先让字符角色向上运动一段距离，运动类别中的【将 y 坐标增加（ ）】可以实现角色上移的效果。之前我们使用过【重复执行】来实现无限制的循环结构，此时我们只需要角色上移若干次即可，可以在控制类别中找到【重复执行（ ）次】来实现指定次数的循环。

　　然后让字符角色重复进行上下跃动，即将有限次的向下运动与有限次的向上运动作为一个运动周期来重复执行。按照刚刚制作程序的思路，我们需要找到【将 y 坐标减少（ ）】来实现角色下移的效果，但是在运动类别中并没有此代码模块，那么如何来实现角色下移呢？其实我们只需要通过在【将 y 坐标增加（ ）】中填写负数，这样就可以实现角色下移的效果了。不仅仅是角色下移，在其他各代码模块中需要进行减少的操作都是通过填写负值来实现的。

　　下面我们还是以字符角色 M 为例来展示角色实现跃动效果的程序，其余字符角色的程序只需修改初始设置中的位置坐标即可，具体设置如下图所示。

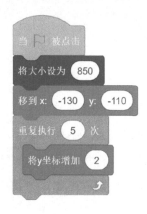

　　运行程序会发现，舞台中所有字符角色一直保持在相同高度上下跃动，这看起来十分呆板。但是只要按照字符角色排列时的先后顺序，使用【等待（ ）秒】在初始设置后为其添加适当的等待时间，就可以赋予各字符角色不同的跃起时间，这样在舞台中会呈现出如下图所示的动态波浪效果。

通过文字描述和画面截取只能简单地表达出变化的趋势，而运行程序后则可以看到更加丰富的动态表现效果。大家阅读本书后一定要尝试自己动手制作每部分的内容，不仅仅是为了更好地掌握知识与概念，同时作品呈现出的绚丽效果将会让你更有动力去探究后续的内容。

3.3　飞入动画

如果想要尝试更复杂的运动效果，可以在跃动之前再增加飞入效果。将字符角色的初始位置设置在舞台的边缘处，重复执行向跃动的初始位置移动，到达跃动的初始位置后继续执行之前设置好的跃动效果。

简单的飞入效果可以通过跃动的初始位置坐标减去边缘的初始位置坐标得到 x 坐标和 y 坐标各自需要变化的差值，再分别除以用于实现飞入效果的步数，得到每一步 x 坐标和 y 坐标各自需要变化的数值。通过将【将 x 坐标增加（ ）】【将 y 坐标增加（ ）】和【重复执行（ ）次】组合使用以实现使字符角色匀速从边缘运动到中间的效果。

如果想要飞入效果的速度由快到慢，最终停止在跃动的初始位置处，那么首先要通过运算类别中的减法运算【（ ）-（ ）】和运动类别中记录角色当前坐标的（ x 坐标）、（ y 坐标）计算出角色跃动的初始位置坐标与当前位置坐标的差值，然后使用运算类别中的除法运算【（ ）/（ ）】和【在（ ）和（ ）之间取随机数】计算出每步 x 坐标和 y 坐标的变化量。以字符角色 M 为例，变速飞入效果程序设置如下图所示。

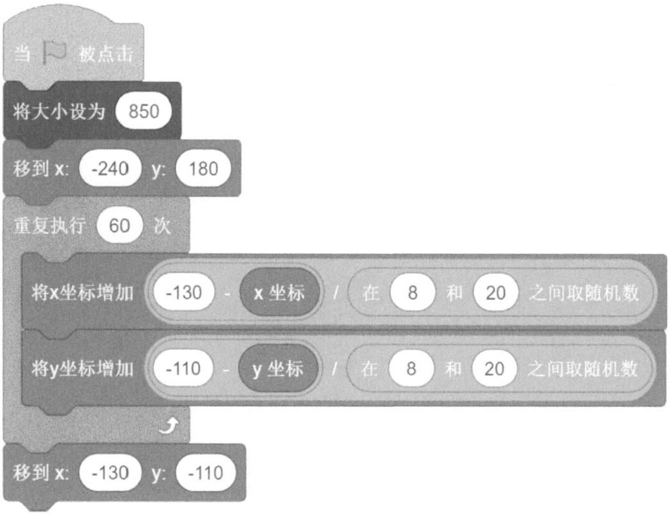

飞入效果如下图所示。

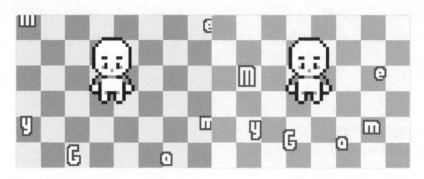

快速复制小技巧

如果两个角色有相似的程序段，例如此项目中的各字符角色，那么可以直接使用鼠标拖拽角色 M 中的程序段放到其余角色中，软件会自动进行复制和粘贴。如果通过单击鼠标右键复制程序段后再将程序段拖拽到其余角色中，那么被复制角色中将会保留两个相同的程序段，可能会对运行效果产生不良影响。

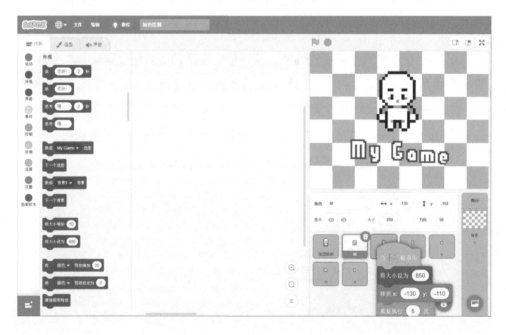

4 启动按钮

4.1 按钮显示

我们在位图编辑模式下通过绘制来新建所需的按钮角色，按照前面内容中绘制像素图像的方法来绘制出按钮的形状，如下图所示。

我们一般会在按钮内部通过文字来注明按钮的功能，而按钮与文字的相对位置可能需要通过多次调整才可以确定一个最佳的显示效果。由于位图只有一个图层，每一次局部移动后都需要对移动产生的空缺进行填补，所以我们在绘制好按钮后可以先将造型转化为矢量图编辑模式后再进行后续创作。在矢量图编辑模式下按钮和文字会自动分配到不同图层，使用选择工具即可对单一图层直接拖拽进行调整。

在使用文本功能书写文字时会发现，为了保证文字的清晰度，文字大小会远远超出按钮的范围，这时可以使用选择工具来选中按钮所在图层并将其放大，在舞台区观察按钮与文字的匹配效果并进行调整，使其呈现合适比例。

造型绘制完成后对角色进行初始设置，确定按钮在舞台中显示的位置和大小。程序启动时将角色隐藏，通过使用虚像特效在程序启动 3 秒（s）后逐渐将角色显现出来，注意【隐藏】和【显示】的搭配使用。虚像特效数值范围为 0 ~ 100，0 为完全实体，100 为完全透明，随着特效数值的增大，透明程度不断增加，具体设置如右图所示。

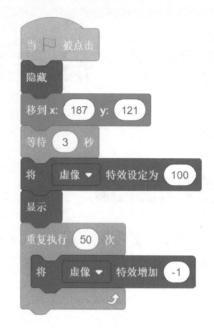

造型调整小技巧

1）拖动选框四个顶点进行拉伸，将会在保证选区长宽比不变的情况下对选区进行放大或缩小。

2）拖动选框四个边线的中点进行拉伸，则只会改变该边线的位置并造成变形。

3）拖动选框顶点进行拉伸时按下 Shift 键，可以同时调整选区的长和宽且会改变长宽比。

4）拖动选框顶点进行拉伸时按下 Alt 键，则会在保持图形中心位置不变的情况下进行放大或缩小。

4.2 选择结构

作为按钮，其是否被单击将会影响程序的执行效果。通常情况下，不单击按钮则不会发生任何变化，单击按钮则会启动某一个新的功能。而我们之前使用到的顺序结构和循环结构，都无法实现根据当前状态进行选择性执行的效果，所以这里介绍一种新的结构——选择结构。

在控制类别中有【如果 <> 那么…】和【如果 <> 那么…否则…】两个可以实现选择结构的代码模块。【如果 <> 那么…】是在满足指定条件时执行其内部功能，不满足条件时则不执行。【如果 <> 那么…否则…】是在满足指定条件时执行【那么】中的功能，不满足条件时则执行【否则】中的功能。

我们首先给按钮增加一个触碰效果，当鼠标指针碰到按钮时将按钮实体显示，否则将按钮虚化显示。不过我们如何知道鼠标指针与角色是否接触了呢？

在侦测类别中找到 < 碰到（鼠标指针）?>，此代码模块能够在执行时识别当前角色与鼠标指针是否接触，通常是作为选择结构的判断条件来使用。根据需要实现的效果，此处使用【如果 <>那么…否则…】来设置鼠标指针碰到按钮和没有碰到按钮时各自的虚像特效数值。使用选择结构时要注意选择结构只会执行一次，如果需要多次执行就要搭配循环结构一起使用。

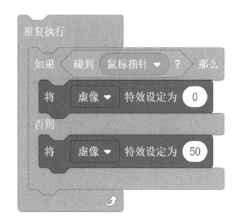

具体设置如右图所示。

4.3 广播功能

按钮需要实现的功能是当我们单击它时，可以结束开场动画阶段并进入下一个阶段。按钮是否被单击其实包含了对两个条件的检测，其一是 < 碰到（鼠标指针）?>，其二是 < 按下鼠标 ?>。我们在实现按钮提示的选择结构中再加入【如果 <> 那么…】来对鼠标是否按下进行判断。

具体设置如下图所示。

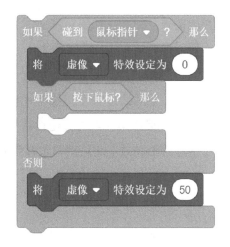

当我们单击按钮后，程序将会从当前阶段进入下一个阶段，这个变化过程涉及了多个角色和背景的参与。我们在日常生活中可以通过校园广播、城市广播等方式向人群发送信息，在软件里也有相似的功能，就是事件类别中的【当接收到（ ）】、【广播（ ）】和【广播（ ）并等待】。

【广播（ ）】用来在满足一定条件下进行信息发送。【当接收到（ ）】在角色接收到指定信息时启动后续代码模块，它可以用于实现多个角色和背景间某些功能的同步启动。【广播（ ）并等待】是在【广播（ ）】功能的基础上增加了等待功能，只有与此消息相关的所有【当接收到（ ）】程序段都运行完毕，才能再继续执行自己后续的代码模块。随着项目中功能的不断增加，可能会使用到多个广播信息，制作程序的时候要注意广播与接收的信息之间的匹配。

我们在按钮被单击时广播"新的游戏"，此时按钮已完成自己的全部功能，可以使用【隐藏】和【停止（这个脚本）】来释放资源，不过要注意使用的先后顺序，如右图所示。

参与开场动画阶段的其余角色在执行【当接收到（新的游戏）】时，也要使用【隐藏】和【停止（该角色的其他脚本）】，用以停止该角色在开场动画阶段的循环结构。如果角色使用了【隐藏】，那么要注意在初始设置时是否需要添加【显示】。

背景与角色不同，其是无法被隐藏的，所以只需在执行【当接收到（新的游戏）】时使用【停止（该角色的其他脚本）】，然后通过亮度特效将背景渐变为黑色，后续可以根据需要更改背景图片并恢复到常规亮度即可。不过要记得在初始设置时将使用到的特效数值归零，也可以直接使用【清除图形特效】将所有特效数值归零。

 # 5 录入信息

5.1 档案显示

我们通过绘制方式来新建"档案"角色，并在位图模式下进行相关造型的创作。档案角色采用书籍的样式，具体包含如下图所示的四个造型，其可以表现出书籍被逐渐翻开的效果。如果想要跳过绘制造型的过程而直接使用案例所示图片，那么可以参照稍后的素材导入小技巧进行操作，将档案角色上传至项目中。

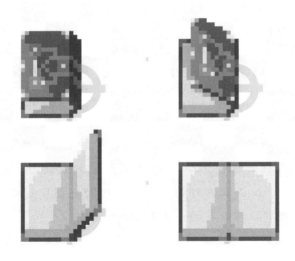

角色可以通过属性面板来调整大小，并使用鼠标在舞台中拖拽档案角色进行移动，直到对显示的效果满意为止，之后记录下此时档案角色的大小属性值及坐标值，以用于对其进行初始设置。档案角色的初始设置还包括对初始造型和初始特效参数的设置，并要在程序启动时将角色隐藏。在接收到广播"新的游戏"时显示档案角色，之后重复执行降低虚像特效值，以使角色实体化，随后逐一展示造型来表现出开启档案的效果。

编程时注意使用【等待（ ）秒】，以便在造型切换时增加时间间隔，来确保程序执行时舞台的展示效果连贯而又不过于紧张。

具体设置如下图所示。

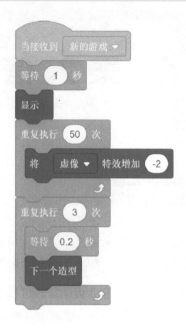

素材导入小技巧

在新建角色时可以使用上传角色将文件类型为 .sprite3 的文件上传到项目中。.sprite3 的文件存储了一个角色的完整信息，包括其所有造型及可能预先制作好的程序。

同时也可以通过上传角色或在已有角色中上传造型，将文件类型为 .png 的图片上传到角色中。通常我们不会使用文件类型为 .jpeg 的图片作为角色造型，因为此类图片格式存在背景色，而 .png 格式的图片背景可以是透明的，非常方便我们直接拿来使用。如果是文件类型为 .gif 的动态图片，那么也可以作为角色或造型上传，它相当于动作连贯的一系列 .png 图片。

5.2 图层顺序

在档案完全翻开后，我们将造型底稿角色显示在档案的左侧页面上，用于展示游戏中的角色形象。两个角色在功能衔接时要注意控制好时间间隔，例如此处档案角色需要时间来完成动画过程，所以造型底稿角色的显示就要在动画结束后再进行。

此时档案角色与造型底稿角色在舞台中会发生重叠，一个角色会遮挡住另一个角色，所以需要对角色的图层顺序进行调整。使用外观类别中的【移到最［前面 / 后面］】和【［前移 / 后移］（ ）层】两个代码模块可以实现对角色图层顺序的调整。

具体设置如下图所示。

5.3 问答功能

我们希望在游戏初始时可以对创建的角色进行命名，使用侦测类别中的【询问（　）并等待】可以实现此功能。当我们使用【询问（　）并等待】时，角色会在舞台中以对话框的形式将问题内容显示出来，同时在舞台下方会弹出输入框，我们将回答的内容输入在此处，鼠标单击确认按钮或按下键盘 Enter 键提交回答。

我们提交的回答会存储在侦测类别的（回答）中，以供我们在需要的时候可以调用。这里要注意的是，如果再次运行【询问（ ）并等待】，之后我们新提交的回答会覆盖之前存储在（回答）中的内容。

如何解决由于询问不同问题而导致（回答）被覆盖的情况呢？这里我们引入一个新的概念——变量。程序中的变量其实就是计算机里的一段存储空间，每个存储空间都有自己的地址，只不过这个地址不好记录，所以我们通过给变量进行命名来与对应的存储空间建立联系。通过识别变量名称可以修改或调用对应存储空间中存储的数据，所以我们在对变量进行命名时要尽量简单易懂、避免混淆。

通过变量类别中的【建立一个变量】来新建变量并对变量进行命名，通常我们默认选择适用于所有角色，而特殊情况我们会在后续内容中结合实例进行讲解。

项目创建变量后在变量类别中会出现几个新的代码模块，从而方便我们使用变量实现功能。（回答）的本质也是一个变量，只不过它与【询问（ ）并等待】进行了关联，我们先将（回答）内的信息存储到变量（姓名）中，如下图所示。

通过勾选变量名称前的选框可以将变量显示在舞台中，使用鼠标直接拖动变量就能够调整其在舞台中的位置，如果不想显示可以取消勾选。在舞台中使用鼠标双击变量或使用鼠标右键单击变量可以改变变量的显示模式，有正常显示、大字显示和滑杆三种模式可选。

使用变量类别中的【显示变量（）】与【隐藏变量（）】可以让变量只在需要的时候显示在舞台中，如下图所示。

6 分配属性

6.1 属性变量

　　接下来我们要新建（力量）、（智力）、（体力）、（幸运）和（可分配点数）这五个变量，并在变量（姓名）赋值完成后广播"分配属性"。之后调整各变量在舞台中显示的位置，完成初始数值设置并将变量隐藏，当接收到广播"分配属性"时再显示在舞台中。变量的初始设置放在任意角色中都可以，我们建议放在与变量相关的角色或背景中，如果变量较多还可以新建一个专职角色，本项目就新建了一个属性设置角色，所有与属性设置相关的功能都集中在此角色内，如下图所示。

变量相关知识拓展

在前面我们创建了变量（姓名）用于保存一段字符串，在大多数编程语言中字符串是由数字、字母、下划线组成的一串字符，而在 Scratch 中字符串还可以由中文和更多符号组成。现在我们又建立了变量（力量）、（智力）、（体力）等用于保存整型数据。在编程语言中除了字符串和整数外，还有浮点数、字符、布尔值等数据类型，每一种数据类型都会占用大小不同的存储空间。那么 Scratch 是如何区分变量内记录的是哪一种数据呢？

其实在 Scratch 中所有的变量都被记录成了字符串，在与不同的代码模块组合时会转化为相应的数据类型，例如当变量与加法结合使用时，变量就会转换成整数或浮点数的数据类型。那如果我们将变量赋值为一段文字，然后对其进行加法运算结果会如何呢？

其实对于变量的引用方式，更多是靠我们自觉遵守创建该变量的意义，例如当我们创建变量（姓名）时，就已经将它定义为存储数据类型为字符串的变量了，那么就不会对其进行加法的运算。

6.2　克隆功能

我们一共有力量、智力、体力和幸运四个属性变量可以进行分配，分配时又分为增大属性变量和减小属性变量两种操作，通过前面内容掌握的知识，我们需要新建八个按钮角色才能够实现全部功能。现在我们尝试使用一种新的功能——克隆（复制），只需要通过一个属性设置角色就可以实现八个按钮的功能。通过克隆功能我们可以将功能类似的角色进行合并，以减少使用的代码模块数量，并增强程序的可读性。

与克隆功能相关的代码模块都在控制类别中，共有【当作为克隆体启动时】【克隆（自己）】和【删除此克隆体】三种。其中【克隆（自己）】可以通过下拉菜单来选择触发其他角色进行克隆，其可以在触发克隆条件的角色与需要克隆的角色不是同一个角色时使用。但我们更多是通过使用广播功能在需要克隆的角色内使用【克隆（自己）】，这涉及变量中仅适用于当前角色的选项，在之后内容中使用到的时候会详细说明。

生成克隆体后通过【当作为克隆体启动时】对克隆体赋予功能，这些功能并不会同时赋予本体。所以我们在使用克隆功能时，本体一般在完成初始设置后会执行隐藏操作，具体的功能都通过克隆体来实现。

如果我们需要不断生成克隆体，那么为了避免占用过多的计算机资源，当某一克隆体完成其功能后，可以通过【删除此克隆体】来释放资源。

我们以力量属性的增大和减小为例，绘制"力量 +"与"力量 –"两个造型，如右图所示。

下面我们对属性设置角色进行初始设置，并将本体隐藏。当接收到广播"分配属性"时，切换造型并移动到对应位置进行克隆。克隆体显示在舞台中，并当鼠标指针碰到克隆体时通过亮度特效来实现提示效果。

具体设置如下图所示。

当前角色此时有两个克隆体显示在舞台中，我们用鼠标单击不同克隆体将会触发不同功能，"力量 +"对应增大力量属性，"力量 –"对应减小力量属性。我们通过运算类别中的相等判断 <（ ）=（ ）>，并配合外观类别中的（造型［编号］）来实现对鼠标指针单击的克隆体进行区分，根据被单击克隆体的造型编号执行其对应功能。

具体设置如下图所示。

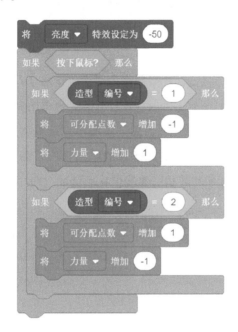

下面我们将剩余六个造型绘制完成，并参照上述方式补全程序，舞台显示效果如下图所示。

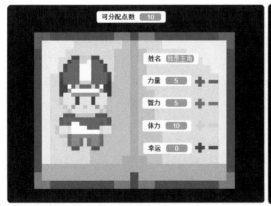
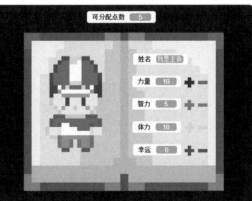

6.3 二次判定

接下来运行程序进行测试，我们会发现每次单击属性设置角色的克隆体时，对应变量的变化与我们期望的效果并不相同，每一次鼠标单击都会使对应变量执行多次变化，而这种情况是由于计算机的运算速度过快导致的。

为了消除这种情况通常使用的方法有两种：时间延迟和条件判断。时间延迟就是在两次判断之间加入一段固定的等待时间不进行判断，而条件判断就是在满足一定新条件后才可以再次执行原条件的选择结构。

选择时间延迟的方法我们可以直接使用【等待（ ）秒】来实现，而选择条件判断的方法我们则要使用控制类别中的【等待 <> 】来搭配合适的新条件，这里我们选择使用的新条件是 << 按下鼠标 ?> 不成立 >，如下图所示。运算类别中的 <<> 不成立 > 是一种逻辑运算，它与数学运算不同，逻辑运算的结果只有"真"和"假"，等于、大于和小于也都属于逻辑运算，更多的逻辑运算我们在后续的内容中会逐个讲解。

时间延迟和条件判断的选择

对于不同的玩家需要的延迟时间会有差别，例如对于成年人来说，0.2 秒的延迟比较合适，但对于儿童来说，0.2 秒就偏短了，所以我们尽量使用逻辑更严谨的条件判断方式来解决此类问题。

7 优化属性

7.1 范围约束

我们在前面内容中实现了属性分配的功能，但在测试时我们发现各属性变量可以无限增大或减小甚至出现负值的情况，这种错误发生的原因是我们没有对变量进行范围约束。

我们首先对属性变量的增大进行限制，属性变量能够增大的前提是变量（可分配点数）大于零。在程序中添加一个选择结构，用于在执行属性变量增大的操作前先对可分配点数的当前数值进行判断，只有可分配点数大于零的情况下才可以进行属性变量增大的操作。

新的选择结构有两种放置位置，一种是添加在判断造型编号后、修改变量数值操作前，另一种是添加在判断造型编号前，如下图所示。

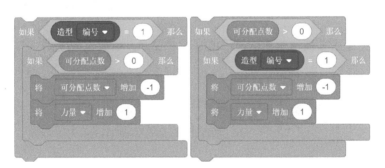

比较两种放置位置所对应程序的差异性，如果在单一属性的对比中没有发现，那么可以在尝试完成多个属性后进行比较。

在完成全部四种属性变量的增大限制后，我们可以发现如果在对变量（可分配点数）的当前数值进行判断后再判断造型编号，可以将多个判断造型编号的选择结构放置在同一个判断可分配点数数值的选择结构中，这样能够有效缩短程序长度，所以我们优先选择此种方式。

接下来我们对属性变量的减小进行限制，在减小各属性变量时，要确保减小后的变量数值不能小于该属性初始设置的数值。可以通过加入一个选择结构来实现，也可以使用我们在前面内容中提到过的逻辑运算来实现，即在原选择结构中将原条件和新条件进行逻辑运算后的结果作为新的判断依据。

我们常用的逻辑运算除数值比较外，还有 <<> 与 <>>、<<> 或 <>>、<<> 不成立 > 三种，它们都在运算类别中。

逻辑运算是对条件进行运算，条件只有"真"和"假"两种值，所以我们可以列出以下几种情况：

A	B	A 与 B	A 或 B	A 不成立
真	真	真	真	假
真	假	假	真	假
假	真	假	真	真
假	假	假	假	真

"与"运算中两个条件都为真结果才为真。

"或"运算中任一条件为真结果就为真。

"非"运算中条件为真则结果为假，条件为假则结果为真。

我们对造型编号和属性变量的最小值同时有要求，所以这里使用"与"运算对属性变量的减小进行限制，如下图所示。

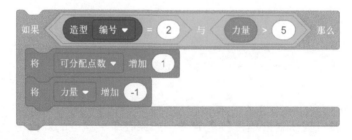

尝试补全其余属性变量的范围约束。

7.2　信息提示

属性如何分配才合理？每个人都会有不同的观点，但在讨论如何分配前我们首先要对每一种属性的功能进行说明。首先绘制一个提示角色用于说明，绘制时尝试给角色造型添加流动光效以增强画面动态效果。

接下来对提示角色进行初始设置，并在收到广播后实现造型自动变换的功能，设置如右图所示。

我们可以通过外观类别中的【说（　）】或【说（　）（　）秒】将提示内容显示在舞台中，但通过这种方式在舞台中显示出的对话框是由软件内部考虑各项影响因素后自动生成的，我们无法更改字体大小和颜色，也无法设置显示的宽高和位置，甚至显示的内容还可能会被舞台中的变量遮盖。

我们在提示角色中创建新造型，并在造型中绘制出需要显示的说明内容，其中颜色、大小、排版都可以按照我们喜欢的样式进行设计。我们在提示角色的造型变换过程中可以增加一个选择结构，如果鼠标指针碰到角色，那么变换到说明造型。

运行程序后我们会发现，并不是每一次鼠标指针碰到提示角色时都能立刻变换到说明造型，有些时候会出现反应迟钝的情况。而迟钝的原因在于，角色进行造型变换的每一个周期结束时都要【等待（1）秒】，等待期间内角色无法执行对鼠标指针的检测，这也就导致最终效果并不理想，如右图所示。

如果将显示说明造型的功能独立出来，并与自动变换造型的功能同步执行能够解决刚刚的问题吗？我们尝试一下会发现，提示角色在舞台中的显示效果并没有得到改善，甚至影响到了自动变换的效果。这是因为两个循环结构中同时对角色的外观进行了改变。在之后制作程序时我们一定要注意，每一个角色可以有多个循环结构来协同实现效果，但各循环内不能同时对同一属性进行改变，如右图所示。

那么如何在保证自动变换造型正常运行的情况下，还能快速响应鼠标指针触发说明效果的侦测呢？这里要使用到前面内容中介绍的克隆功能，与之前不同的是，本体在当前情况里也要实现一定的功能，即保证自动变换造型正常运行。在触发说明效果时角色生成克隆体来实现具体的说明功能，同一时间内本体与克隆体各司其职、互不影响。

下面在提示角色中增加五个用于说明的造型，如下图所示。前四个造型用来说明各属性对应的功能，最后一个造型是对后续操作的说明，指引玩家结束当前阶段进入下一阶段。

力量属性与普通攻击相关　　　智力属性与法术效果相关

幸运属性与角色初始相关　　　幸运属性与特殊概率相关　　　按下键盘任意键确认分配

为了避免在同一时间内生成了多个克隆体，导致克隆体在舞台中互相遮挡影响显示效果，因此我们在两次克隆之间添加合适的等待时间，这个时间的大小与我们克隆体的显示周期相关。

因为本体与克隆体在以不同的造型执行不同的功能，所以在克隆体启动时要重新进行初始设置，包括初始位置、初始大小、初始特效和初始造型，并在完成一个周期的显示后删除自己。

具体设置如下图所示。

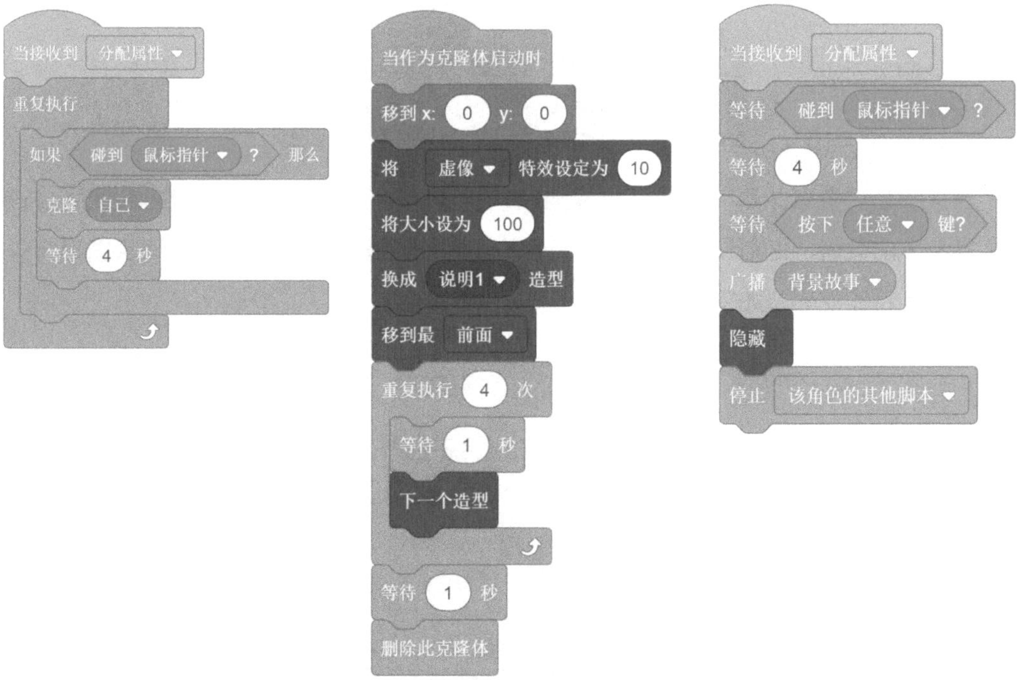

在玩家至少观看一次说明内容后，可根据操作说明通过按下任意键确认完成属性分配的阶段，随后广播"背景故事"准备启动下一个阶段。阶段收尾时注意不要遗漏参与当前阶段的任何角色及变量，以尽可能地释放资源，降低运算量。

8 背景故事

现在我们将制作项目的背景故事，主要是通过角色间的对话介绍游戏世界，并过渡到游戏正式场景。根据故事情节的需要会加入博士、游戏仓和故事背景，所需素材直接从本地上传使用即可。

当接收到"背景故事"时将背景换成故事背景，由于在开场背景中改变过颜色特效和亮度特效的数值，之前设置的特效依旧会作用在新背景中，所以使用【清除图形特效】来恢复所有特效变化，如下图所示。

下面我们为故事设计对白，注意要根据语句长短合理设置【说（ ）（ ）秒】中对话框显示的时长，这样可以让玩家有舒适的观看体验。因为两个角色的对话是交替进行的，所以需要注意在一个角色说时另一个角色要同步【等待（ ）秒】，这样才能够保证对话的流畅性及连贯性。

具体设置如下图所示。

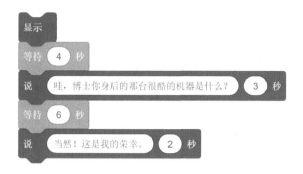

在前面内容中我们将角色的名称存储在了变量（姓名）中，为了增加互动性，我们可以使用运算类别中的【连接（ ）和（ ）】将变量（姓名）与固定对话内容进行连接，再将连接后带有称呼的语句说出来，如下图所示。

案例故事剧本如下：

博士："XXX，欢迎来到我的实验室参观！"

我："哇，博士，你身后那台很酷的机器是什么？"

博士："这是我最新发明的全息游戏舱。"

博士："XXX，你有没有兴趣来体验一下？"

我："当然！这是我的荣幸。"

此时人物向游戏舱缓慢移动，当接触到游戏舱时隐藏，此时游戏舱造型由"空舱"变换到"载人"，引出进入游戏的剧情。

博士："那我们准备开始啦！"

背景故事中各角色通过改变虚像特效从而逐渐消失，当角色完全消失后广播"游戏空间"，完成当前阶段功能并准备将场景转移到游戏虚拟空间中。

本节内容相对简单，大家可以发挥自己的想象力，并通过已经掌握的知识改进剧情及显示效果。

9 角色移动

9.1 水平走动

接下来我们绘制或上传游戏空间背景，当接收到广播"游戏空间"时将背景换成游戏空间，过场效果可以按自己的喜好来制作。进入游戏空间后，舞台将保留游戏舱用于进行后续操作的引导，但需要根据背景样式对游戏舱的位置和大小进行调整。上传"主角色"并作为玩家操作的角色来参与游戏。

主角色共有 8 个造型，用于实现连贯的走动效果。我们在绘制可移动角色的造型时，为了与软件默认的面向角度相契合，一般绘制成面向右侧的样式。因为左右走动时会有改变面向的需求，所以需要注意造型中心的设置，尽量将造型中心设置在造型水平方向的中点。

对主角色进行初始设置时，需要使用运动类别中的【将旋转方式设为［左右翻转］】。角色共有三种旋转方式，默认方式为［任意旋转］，即角色可以绕造型中心以任意角度旋转，这种旋转方式多适用于视角为俯视状态的角色。在项目中尝试使用［任意旋转］方式，调整面向的数值会发现，当主角色在面向左侧时头部是向下的状态。我们将旋转模式设置为［左右翻转］，此模式下角色面向在 0 ~ 180 的范围内会显示造型原图，否则会显示造型原图的镜像，这种旋转方式多适用于仅需左右两种面向的横版场景。因为是镜像效果，所以我们一定要设置好造型中心，避免角色由于面向变化导致其在舞台中显示的位置发生瞬移。最后一种方式为［不可旋转］，即始终以造型原图的样式显示。

当主角色接收到广播"游戏空间"时会在舞台中显示并逐渐实体化，在显示前我们添加了 3 秒的等待时间以留给背景进行转场动画，大家可以根据自己制作的动画来合理修改等待时间。

具体设置如下图所示。

我们先在主角色中实现最基本的移动控制，如果按下方向键←键，那么主角色面向左侧并向左移动，如果按下→键，那么主角色面向右侧并向右移动。当前的移动仅在水平方向进行，所以我们可以通过使用【将 x 坐标增加（ ）】来实现。

具体设置如右图所示。

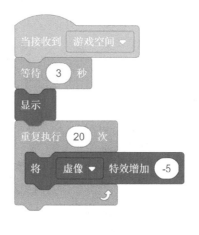

在我们按下方向键时，主角色的造型应该持续变换以实现连贯的走动效果，并在我们松开方向键后恢复静止造型。按下←键或→键都应触发造型变换，这里涉及多个条件同时判断，要用到我们前面内容中介绍过的逻

辑运算，如下图所示。

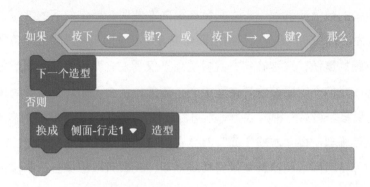

　　我们将主角色水平走动和造型变换的程序段进行合并，如果检测到按下←键或→键，那么换成下一个造型，之后再区分按下的方向键是←键还是→键，并执行按下该方向键对应的代码模块，否则在按下←键或→键不成立时，将主角色恢复为静止造型。移动控制是持续进行的，所以不要忘记加上循环结构。

　　具体设置如下图所示。

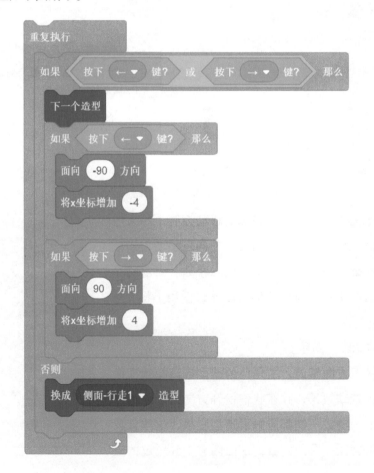

9.2　进入训练室

下面我们绘制新角色用于进行游戏内的场景切换，新角色可以是门或符号等样式，也可以直接上传"训练室 – 传入"角色并使用。此时游戏舱作为旁白通过对话框来进行操作引导，告诉玩家如何让主角色动起来，并将终点位置设为场景传送处。

具体设置如下图所示。

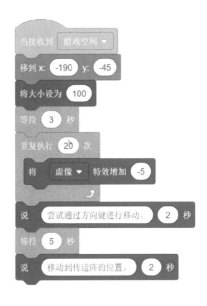

接下来对新角色进行初始设置，并根据剧情设定出场时间，如下图所示。

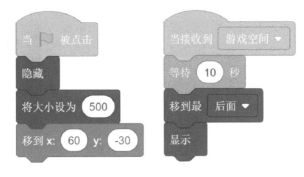

当碰到主角色时，通过【说（ ）】告知玩家按下空格键可进入训练室，并在玩家执行相应操作后广播"训练室"以准备进入下一个阶段。

这里与之前通过按钮触发场景的转换类似，但此时触发角色内有多段程序在运行，且发送广播的代码模块放置在循环结构内，所以需要使用【隐藏】、【停止（该角色的其他脚本）】和【停止（这个脚本）】一起配合才能停止本角色的所有程序。

具体设置如下图所示。

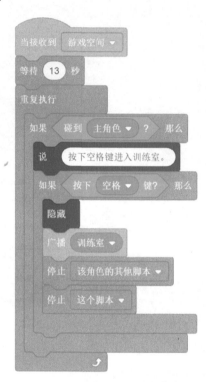

9.3　返回游戏空间

接下来绘制或上传训练室背景，当接收到广播"训练室"时变换为对应背景。

能进也要能出，因为进出的实现方式相同，所以可以复制用于传送进训练室的角色，修改新角色名称为"训练室 - 传出"并对其程序进行简单的修改。

为了配合当前背景的色调，我们对训练室 - 传出角色使用颜色特效，特效会作用在角色的所有造型上，这样就不需要对多个造型逐一进行修改了，如右图所示。

因为功能发生变化，所以我们将操作引导修改为"在此处按下空格可退出训练室。"，并在玩家执行相应操作后广播"返回"即可。

返回游戏空间时不仅要变换背景，还要重新激活训练室 - 传入角色内的程序。这里只需要开启传送功能就可以，对于使用过的功能不再进行操作引导，具体设置如下图所示。

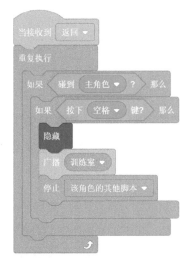

到此我们就实现了主角色在不同场景间进行切换的功能，同时大家还可以尝试添加场景切换时背景和角色的过场效果。

10 角色攻击

10.1 普通攻击

接下来我们在主角色中再次上传用于实现攻击效果的一组造型,本组造型中的手部位置均增加了黄色的攻击特效。特效除了增加画面效果外,更重要的是便于在后续与其他角色的互动中判断其与主角色的位置关系,需要注意的是准备用于进行判断的颜色尽量不要选择舞台中已经使用过的颜色。

此时主角色的造型分为移动和攻击两组,为了保证两组造型在表现时互不影响,因此,在进行角色造型变换时需要先判断当前造型属于哪一组造型,以及下一个造型是否还属于本组造型。

原程序中当按下方向键←键或→键时换成下一个造型,修改后的程序在按下←键或→键时需要判断当前造型编号,并根据造型编号执行换成下一个造型或换成移动的初始造型。

具体设置如下图所示。

原程序中当按下←键或→键不成立时会换成静止的造型，由于加入了攻击造型组，为了避免在角色进行攻击时也会将造型重置为静止的造型，所以修改后的程序要求只有当前造型属于移动造型组，即当前造型编号在 2～8 之间时才将造型切换成静止的造型。

具体设置如下图所示。

当进入训练室时，可以通过按下 z 键来触发攻击动作，同时通过游戏舱进行攻击操作方式的引导，攻击造型组的造型编号范围为 9～12。

具体设置如下图所示。

10.2 怪物出现

接下来我们上传"怪物"角色，当前角色内只有一组史莱姆的造型，随着后续功能的增加，我们会再上传更多的怪物造型。

下面对怪物角色进行初始设置，因为怪物角色被击败后会重新刷新，而且种类也可能会变化，所以我们这里使用克隆功能生成怪物，在使用克隆功能时记得要将本体隐藏起来。当作为克隆体启动时，参考主角色的造型变化方式为怪物角色的克隆体制作动态效果，造型中编号 1～编号 4 对应史莱姆抖动的效果。

　　具体设置如下图所示。

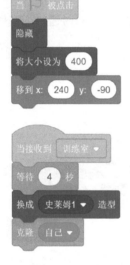

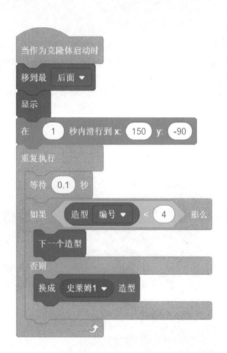

　　造型编号 5 对应史莱姆被攻击的状态，我们判断怪物角色的克隆体是否受到攻击的依据是其是否接触到了主角色的攻击特效，为了避免识别错误，我们要同时检测两个条件，一是与主角色接触，二是与攻击特效的颜色接触。使用侦测类别中的 < 碰到（主角色）?> 和 < 碰到颜色（黄色）?>，并通过逻辑与运算来确定怪物角色的克隆体是否被攻击。

　　< 碰到（ ）?> 用于检测角色与鼠标指针、舞台边缘及其他角色是否接触，< 碰到颜色（ ）?> 用于检测角色与特定颜色是否接触。为了方便获取所需颜色，除了直接调整参数数值外，还可以通过取色器在舞台中进行取色，进行取色前要先将颜色所在的造型显示在舞台中。

涉及怪物角色的造型变化时，优先检测怪物角色是否被攻击，如果被攻击那么显示造型"史莱姆5"，否则显示抖动，如下图所示。

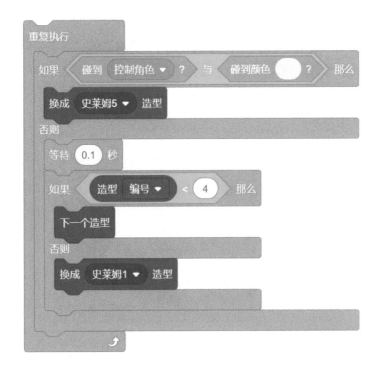

同时记得离开训练室时要删除克隆体。

11 击败怪物

11.1 怪物血量

接下来我们会新建变量（怪物血量）以记录怪物角色的血量变化，为了便于观察程序运行的效果，我们会将变量显示在舞台中，等待功能完成后再根据需要将其隐藏或显示。

首先在怪物角色的克隆体启动时对怪物血量赋予初始数值，测试阶段先将初始数值设为 100，之后循环侦测克隆体是否受到主角色的攻击，如果克隆体受到主角色攻击则扣减怪物血量，减少的数值与主角色的力量相关。

具体设置如下图所示。

还记得前面内容中制作按键功能时出现的问题吗？这里也会有类似的情况发生。因为计算机运算的速度非常快，在主角色攻击怪物角色的克隆体时，单次攻击动作中便能执行多次攻击检测，每次检测均成立会造成对怪物血量的重复扣减。我们参考之前的处理方式，在执行减少血量的操作后使用代码模块【等待 <>】进行二次检测，只有攻击检测不再成立才算本次血量变化完成，如下图所示。

由于主角色各属性的初始数值是自由分配的，导致力量的具体数值并不确定。随着怪物角色的克隆体不断被攻击，怪物血量会持续减少，但是怪物血量最后不一定能下降到数值正好为 0。例如我们将力量的数值设置为 8 点，最后一次攻击会使怪物血量从 4 直接变为 −4，所以我们要对怪物血量进行边界限制，我们在之前内容中应用过这种处理变量的方法。

具体设置如下图所示。

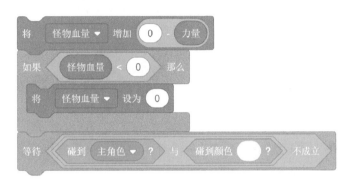

当怪物血量数值变为 0 时，我们认为怪物被击败，将其切换为被击败的造型，并从舞台中逐渐虚化直至消失，之后广播"刷新怪物"并将此克隆体删除。为什么要先广播再删除克隆体？我们仔细观察一下代码模块的形状就会发现，有些代码模块只能够在程序开始或结束处使用，如下图所示。

有关怪物造型变化的代码模块都编写在前面内容中讲解的循环结构中，现在我们所做的循环结构中的程序均是与怪物血量变化相关的功能。我们可以在前面讲解的循环结构中增加一个选择结构，并将被击败的造型放在其中，也可以理解成怪物血量为零时，将需要执行的操作放在现在的循环结构中。但是需要注意，为了避免受到前面循环结构的影响导致造型错误变换，我们要先执行【停止（该角色的其他脚本）】。

随着我们掌握的知识越来越多、制作程序的经验越来越丰富，会发现实现一个相同的效果可以通过不同的方式来操作。在学习过程中要尽可能多地去尝试新方法，并将其与旧方法进行比较。

如下图所示。

当接收到广播"刷新怪物"，则克隆一个新的史莱姆来重复执行之前的功能，如下图所示。

目前我们只是通过一种怪物来进行基础功能的制作，在后面的内容中我们会增加更多的新功能，并刷新出更多种类的怪物。

11.2　绘制血条

现在我们已经完成了实现怪物血量数值变化的程序，接下来就是将变化在舞台中表现出来。我们可以通过执行【说（ ）】来实时显示怪物血量的数值，但是这种表现方式会大大降低舞台效果。为了更好地表现出怪物血量的变化，我们打算通过画笔将怪物血量的数值以血条的方式绘制在怪物的上方。

鼠标指针单击功能操作区左下方的添加拓展，在拓展列表中找到画笔并单击，即可将画笔相关的代码模块加入到功能操作区中供我们使用，操作如下图所示。

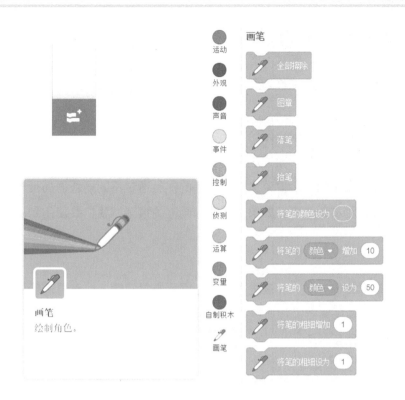

画笔的使用需要通过检测角色移动时的坐标变化来实现，所以我们要新建一个绘制角色，不过绘制角色的造型里不需要任何图像。

因为需要绘制的血条与怪物克隆体有固定的位置关系，所以我们新建变量（怪物血量x）和变量（怪物血量y），在怪物克隆体显示的时间段内实时读取克隆体的坐标，再通过简单的加减法运算进行位置补偿，最后得到绘制血条的落笔坐标并存储到变量中。在怪物被攻击时广播"怪物血量"进行重新绘制。

具体设置如下图所示。

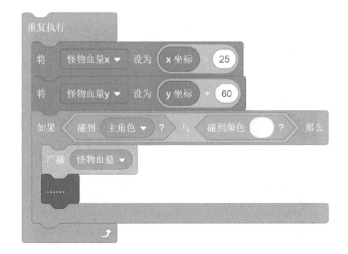

　　接下来联想现实中我们使用画笔绘图的流程来制作程序，在绘制角色中当我们接收到广播"怪物血量"时，先对画笔的颜色和粗细进行设置，设置完成后将画笔移动到起点的位置并落笔，再将画笔移动到终点的位置并抬笔，便可以绘制出连接两点的一条线段。

　　此程序运行时我们会发现，无论怎样攻击怪物的克隆体，它的血条在舞台中都是以满血状态显示的，哪怕将其击败或进行了场景切换，血条依旧显示在舞台中。我们之前介绍过，角色在舞台中的显示效果会随着程序的执行通过不断刷新画面而改变，但是画笔的效果不会被这种刷新改变，如果想要清除画笔的痕迹，我们要使用到画笔类别中的【全部擦除】。

　　在程序启动时擦除一次，并在进入游戏空间后重复擦除。此时再进行测试就会发现怪物克隆体的血条能够随着怪物血量的降低而缩短。

　　具体设置如下图所示。

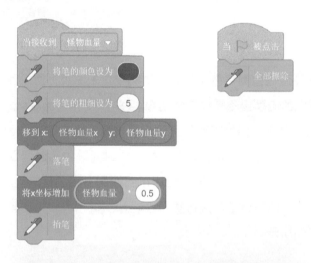

11.3 绘制经验条

下面我们参考血条的制作过程来完成经验条，首先新建变量（经验值）并赋予初始数值，当怪物被击败时增加经验值，这里将每个怪物的经验值设为 10 点。

接下来在绘制角色中增加绘制经验条的程序，因为进入游戏空间后经验条是一直存在的，所以我们在每次执行【全部擦除】后立刻进行经验条的绘制。项目中 1 级的经验条上限为 100，而舞台的宽度为 480，所以使用 4.8 作为系数。

在后面内容中我们将解决经验条充满之后的升级问题，并随着主角色的升级赋予新的可分配点数。

具体设置如下图所示。

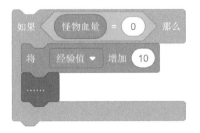

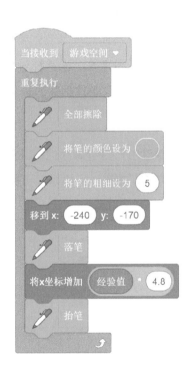

12 角色升级

12.1 升级算法

在前面内容中我们实现了通过击败怪物克隆体获得经验值的功能，而获得的经验值当然是要用于提升主角色的等级。我们首先新建变量（等级），等级的变化是由经验值的变化引起的，而与经验值相关的程序均编写在绘制角色中，那么这里我们将与等级相关的程序也制作在绘制角色中。

随着实现的功能不断增多，我们要考虑让各功能对应程序的排布满足一定的规律，以方便我们后续检查和修改。通常针对具体角色的程序编写在对应角色中，针对数据处理的程序编写在与其触发条件相关的角色中。

在大多数游戏中，随着等级的提升每次升级所需的经验值也要增长，本项目使用了指数级的增长方式，数据对应关系如下图所示。

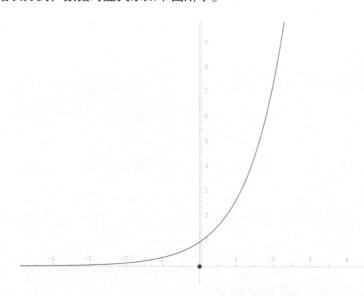

我们使用运算类别中的代码模块来实现每次升级所需经验值的设定，其中的（（绝对值）（ ））通过鼠标指针单击下拉栏就会发现更多的运算选项。我们将等级作为指数运算

的参数，所得结果放大十倍后进行四舍五入，以保证运算结果是整数且符合我们的期望范围。

在一个运算公式中可能包含多个不同的运算模块，使用不同的组合顺序也可能得出不同的运算结果，所以我们必须了解各运算模块的优先级，并按一定顺序进行组合才能保证运算的合理性和结果的正确性。在 Scratch 中，每一个运算模块都相当于自带了一组小括号的运算符，在运算时小括号拥有最高的优先级。所以通过将多个运算模块组合而得到的运算公式中，越内部的运算模块越先执行。

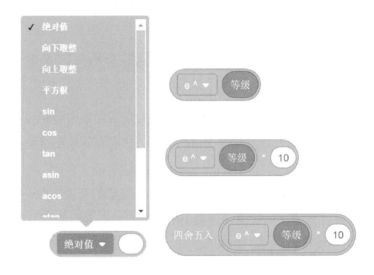

给等级赋予初始数值，初始等级为 1 级。循环检测经验值是否达到升级所需的经验值，如果经验值达到了升级所需的经验值，那么将等级增加一级，同时将经验值归零。

由于使用了指数运算导致经验值并不一定能正好达到升级所需的经验值，可能会有数值溢出的情况发生。所以将程序调整为在提升等级时用经验值减去升级所需经验值即可，这样剩余的经验值就可以继续用于下一次等级提升。

需要注意的是，在对数值大小进行判定时要尽量避免使用"等于"运算，虽然使用"等于"能够更加精准地进行判定，但可能会因为数值的突变导致跳过判定值。

具体设置如下图所示。

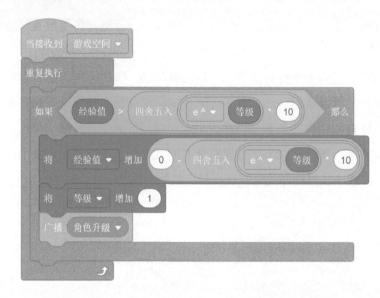

由于升级所需的经验值发生变化，所以我们要对前面内容中绘制经验条时使用的比例系数进行修正，即将计算升级所需经验值的运算公式应用于绘制经验条的程序中来替换固定数值。

将前面内容中使用的固定系数 4.8 修改为如下图所示的可变系数——经验值 / 升级所需的经验值 × 舞台宽度。一定要注意图中的组合方式，我们的运算顺序是从最内部的代码模块向外逐一执行的，如下图所示。

12.2 提示特效

角色升级后在舞台中应该显示相应的提示，因此新建提示特效角色，并绘制"等级提升"造型，如下图所示。

作为用于显示提示特效的角色，它的功能不会只局限于等级提升的时候，所以我们使用克隆功能来完成等级提升的特效显示，以保证后续增加其他提示特效时不会对当前功能造成影响。随着项目的不断完善，我们创建的角色数量越来越多，所以尽可能合并功能相近的角色。

接下来我们对提示特效角色进行初始设置，并隐藏本体，当接收到广播"角色升级"时执行【换成（等级提升）造型】和【克隆（自己）】程序，如下图所示。

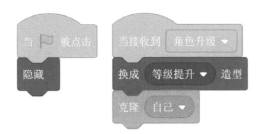

因为触发特效时会改变角色的大小及各项特效数值，所以当作为克隆体启动时需要重新设置大小，并清除特效后再显示。虽然角色目前只有等级提升造型，但是我们已经将本角色的功能设定为用于实现项目内所有提示特效，考虑到后续更多造型的加入，此处根据克隆体当前的造型编号选择实现其对应的特效。

为了提高程序的可读性，我们可以通过广播的方式将所要执行的小功能制作成单独的程序段落，如下图所示。这样在后续的测试环节中，我们根据项目的执行效果可以更容易地找到程序中需要修改的位置。

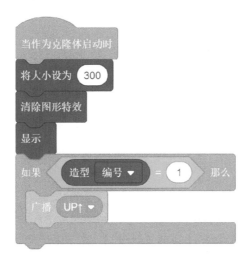

我们要制作的等级提升特效可以描述为在主角色头顶显示等级提升的图标，并不断上升、放大、虚化直至消失。

因为主角色是可以移动的，所以我们需要获取主角色的实时坐标值。我们在前面内容中制作怪物血条的时候，因为怪物是以克隆体形式显示的，所以只能够通过使用变量来存储克隆体的坐标值。但是此处我们获取角色坐标值的方法就要简单很多，因为主角色是以角色本体形式显示的，所以通过侦测类别中的（（角色））的（（属性））便可以获取主角色的坐标值，甚至是主角色的更多参数。

具体设置如下图所示。

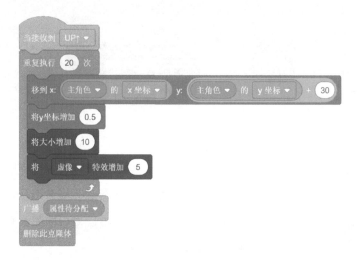

等级提升时，除了在舞台中显示相应的提示特效外，还应该对主角色有一定的属性加强，例如在每次升级时给予主角色一点可分配属性。在等级提升特效结束时执行广播"属性待分配"，并在提示特效角色中绘制"属性待分配"造型。

当接收到广播"属性待分配"时将可分配点数增加 1，并将提示特效角色的造型换成"属性待分配"造型之后执行【克隆（自己）】，如下图所示。

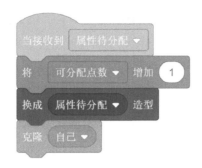

当作为克隆体启动时判断其造型编号，并根据造型编号广播对应消息以启动相应提示特效的程序，具体设置如下图所示。

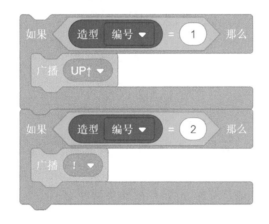

属性待分配的提示特效应该一直显示，直到我们将新增的可分配属性进行分配后消失。即提示特效在被鼠标指针单击前一直跟随主角色运动，在被鼠标指针单击后执行广播"分配属性！"并删除此克隆体。注意此处广播的信息并不是"分配属性"，两处广播功能相似但位于项目的不同时间点，具体设置如下图所示。

我们使用鼠标指针单击属性待分配的提示特效，以调出之前制作好的属性分配面板，并继续通过鼠标指针单击各属性按钮进行属性分配。此时可能会由于位置重叠的问题，导致我们调出属性分配面板的瞬间就完成了对属性的分配，所以需要你回忆之前所学内容解决此处的问题。

我们查看前面内容中已经制作完成的关于属性分配的程序，能够发现属性分配完成后是通过按空格键来隐藏属性面板的，这里我们继续使用相同的操作来隐藏属性分配面板。作为升级功能的延伸部分，我们将此程序制作在提示特效角色中，在接收到广播"分配属性！"时，等待按下空格键后广播"分配完成！"来回到游戏界面，如下图所示。

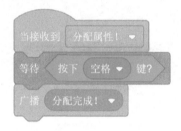

在分配属性的过程中，造型底稿、档案、属性设置和提示说明四个角色都会参与其中。以造型底稿角色为例，在接收到广播"分配属性！"时换成指定造型并移动到预设位置来显示，当接收到广播"分配完成！"时再隐藏起来。

如果舞台中显示的图层顺序与我们想要的结果不符，那么合理使用外观类别中的【移到最（前面／后面）】和【（前移／后移）（ ）层】进行调整。

具体设置如下图所示。

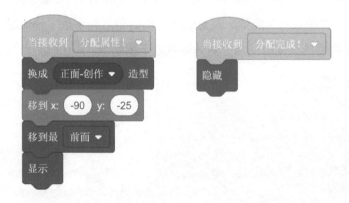

由于是第二次进行属性分配，所以我们在分配点数时应该只能对新获得的可分配点数进行分配，而不能对已经确认分配的可分配点数进行修改。所以我们新建了（力量限制）、（智力限制）、（体力限制）和（幸运限制）四个变量，在接收到广播"属性分配"后，

将开启面板时的属性值作为本次修改的属性限制值，同时将范围限制条件中的常量换成限制变量。

具体设置如下图所示。

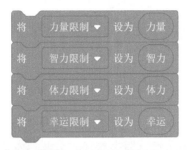

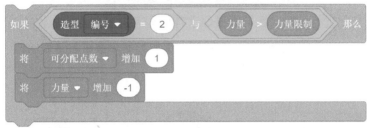

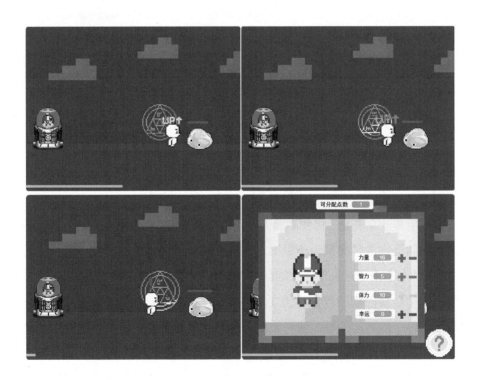

13 怪物列表

13.1 统一造型

接下来我们在怪物角色中上传一组小野猪的造型，为了能够通过固定公式对所有种类怪物的造型变化进行控制，我们需要保证各种类怪物在造型数量和造型功能方面的一致性，每组造型由四个常规造型、一个被攻击造型和一个被击败造型组成。

现在我们新建一个变量（怪物数量），用于记录已刷新出的怪物数量，当怪物数量超过 5 个后将刷新怪物的种类换为小野猪。为了方便对怪物种类的控制，我们要再新建一个变量（怪物序号）用于记录下一次刷新时怪物的种类，具体实现方式如下。

首先将怪物数量的初始数值设为 1，并在每次刷新怪物时相应地增加数值。设定怪物数量与怪物序号的对应关系，我们暂定每种怪物刷新五次，所以这里对怪物数量进行除法运算，并将运算结果使用（向上取整（ ））获得对应的怪物序号。例如怪物数量的数值为 6 时，6÷5=1.2，1.2 向上取整的结果为 2，即我们当前的怪物序号的数值为 2。根据怪物序号我们可以计算出下一次刷新时怪物的初始造型编号。例如怪物序号的数值为 2 时，（2−1）×6+1=7 即是小野猪的第一个造型编号。

具体设置如下图所示。

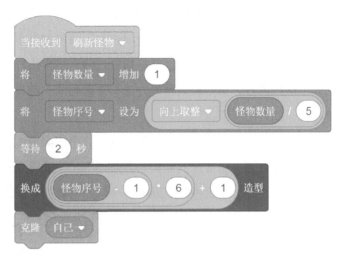

使用相同的方式将怪物克隆体中执行造型变换功能时的造型编号从固定常量修改为由怪物序号计算得出的变量，共有四处需要修改，大家尝试找到它们的位置并对其进行修改。

13.2 怪物列表

不同种类的怪物对应着不同的血量以及经验值，仔细观察刚刚上传的小野猪造型组，还能够发现我们在造型中增加了攻击的动作，所以项目中我们会设置不同种类的怪物还有不同的攻击力。为了方便后续功能的拓展，我们可以先在此处加入一个金币系统的概念，即击败怪物我们可以获得金币，且获得金币的数量会根据怪物种类的不同在不同的范围区间内取随机数。

我们新建四个变量，分别为（怪物攻击）、（怪物经验）、（金币上限）和（金币下限），加上已经存在的变量（怪物血量）共五个变量组成怪物的属性参数。参考我们在前面内容中使用过的方式，此处可以通过判断怪物序号来对怪物各属性变量进行赋值，但在这里我们将要使用一种新的方法——列表。

列表的代码模块在变量类别中，这说明列表与变量是有关联的。我们在介绍变量时曾将其比喻成一个房间，那这里就可以将列表比喻成一栋大楼，而每栋大楼里有许多房间。变量的名称相当于房间的门牌号，那么列表的名称就相当于大楼的楼牌号，通过楼牌号找到了大楼再通过门牌号就能找到指定的房间了。

下面我们新建一个列表（怪物参数），只有新建列表后在指令区中才会显示出与列表相关的代码模块。此时在舞台区将显示出我们新建的列表，我们可以通过鼠标指针单击左下角的加号增加"房间"并向其中写入数据，还可以通过鼠标指针拖拽右下角边界对其显示区域的大小进行调整。显示和隐藏的方法与变量相同，都是通过勾选选框来实现，如右图所示。

为了保证列表中数据的准确性，我们几乎不会通过在舞台中进行操作去修改数据。通常设置数据的方法如下：在项目启动时将列表中所有的数据清空，然后再按照顺序逐个填入需要的数据如下图所示。

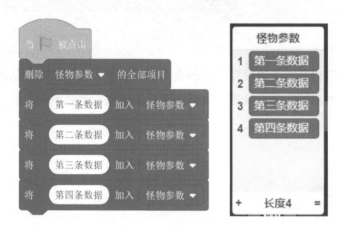

怪物的参数都是按组输入的，根据前面的设定每组参数包含五个数据，为了增加程序的可读性以及方便后续数据的录入，我们可以通过自制积木的方式将数据成组地写入列表中。鼠标指针单击【制作新的积木】会显示如下图所示的窗口。

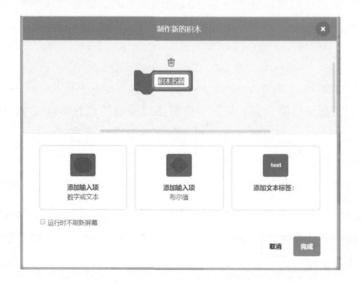

　　在自制积木中可以通过添加输入项（数字或文本）、添加输入项（布尔值）和添加文本标签三个模块来构建自制积木，我们根据需要使用的数据类型添加对应输入项，并通过文本标签进行连接和说明。需要注意的是，在制作新的积木时存在可选项"运行时不刷新屏幕"且默认不勾选，若勾选此项，那么在自制积木被执行时，程序会等到所有内部代码模块全部执行完成后才再次刷新屏幕更新舞台显示内容，可以理解为不展示过程阶段只显示最终结果。

　　我们创建如下格式的自制积木，并赋予它需要实现的功能。需要注意的是，在一个角色中制作的自制积木是无法在其他角色中使用的。

　　具体设置如下图所示。

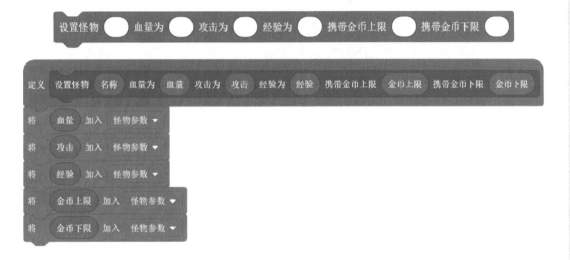

　　接下来我们使用自制积木向列表中按组写入数据，为了方便使用怪物序号获取当前怪物种类的各属性数值在列表中的位置，我们在最开始加入一组说明数据用于说明列表中每组数据中各参数的意义，这样在接下来获取数据的运算公式中就不用像制作怪物造型公式时对怪物序号进行补偿处理了。

　　具体设置如下图所示。

在怪物接收到广播"训练室"和"刷新怪物"并进行克隆之前，根据怪物序号赋予克隆体相应的属性，因为怪物参数的第一到第五项用于进行说明，所以直接使用怪物参数 ×5+ 属性序号就能获得当前怪物种类的对应属性值。

具体设置如下图所示。

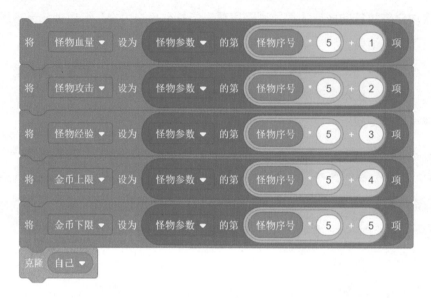

我们使用从怪物参数列表中获取的怪物属性值替换之前固定的怪物属性值，并新建变量（金币）用于记录击败怪物后获得的金币数量，具体设置如下图所示。

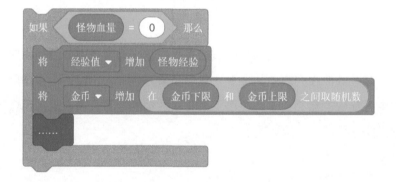

13.3 主角色血量

接下来在主角色中添加受到小野猪攻击的检测，可参考怪物被攻击时的检测方式，具体设置如下图所示。

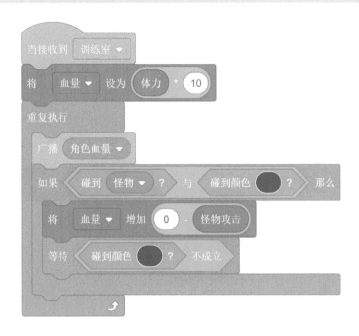

如果主角色血量过低我们将其强制传送出训练场，如下图所示。

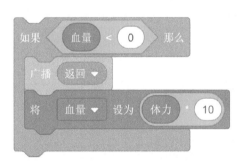

注意此时原本用于执行广播"返回"的角色是否还能正常运行。经过测试我们会发现主角色在因血量过低传送出训练场时，训练室 – 传出中的程序仍旧运行，我们需要修复此处问题，具体设置如右图所示。随着程序越来越复杂，添加新功能时可能会影响到已完成的功能，所以要及时找出引发问题的原因并修复异常。

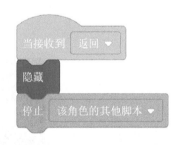

接下来在绘制角色中为主角色制作血条，可参考怪物血条的实现方法。需要注意的是，此时主角色的血量上限是受体力影响的，为了保证满血状态的血条长度合适，需要将之前的定值系数改为与体力同步变化。

具体设置如下图所示。

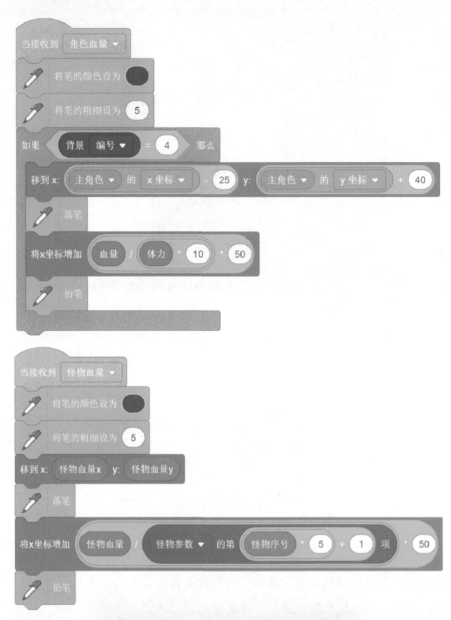

14 购买物品

14.1 新手说明

随着游戏功能的不断丰富，用于功能引导的操作说明逐渐增多，如果每次进入场景都将当前场景内的所有操作说明显示出来，就会导致舞台效果非常杂乱、没有重点。虽然我们可以通过制作多个广播并根据情况分别启动带有说明的程序或不带说明的程序，但这并不是一个很好的解决方法。这不仅会在游戏中增加过多的程序从而导致可读性降低，还会增加后续进行修改和更新时的工作量。所以这里我们可以通过在原程序中添加选择结构来控制说明是否显示。

下面以离开训练室的操作说明为例，我们希望只有在主角色第一次进入训练室的时候显示"在此处按下空格可退出训练室。"，而后续进入训练室时不需要再显示此说明。

我们需要新建一个变量（初次进入训练室），并在程序启动时将变量初始数值设为0。当接收到广播"训练室"时判断初次进入训练室的数值是否为0，若满足条件则在舞台中显示说明，并在说明结束后将初次进入训练室赋值为1。这样在后续主角色进入训练室时就不会再执行此处说明部分的代码模块了。

具体设置如下图所示。

```
当接收到 训练室 ▼

等待 3 秒

如果 < 初次进入训练室 = 0 > 那么

    说 在此处按下空格可退出训练室。 2 秒

    将 初次进入训练室 ▼ 增加 1
```

如果想在最初的若干次都显示操作说明，那么可以根据需要显示的次数修改选择结构中的条件即可，具体设置如下图所示。

同理，在训练室中引导主角色进行攻击的操作说明也可以使用此方法来改进。需要注意的是，两处判断条件中都使用到变量（初次进入训练室），但局部处理时各代码模块的执行顺序稍有不同。因为变量是在训练室 – 传出中进行赋值的，所以游戏舱中的说明要赶在变量被重新赋值前进行，以免由于变量数值发生变化从而导致结果与预期不符。那么此处需要先判断条件是否成立，在条件成立时执行等待及随后说明（见下图），而此前是先执行等待再判断随后说明并对变量进行赋值。

14.2 贩卖机

在前面内容中我们预留了金币的概念，现在就来实现如何使用这些金币购买物品。

首先上传新角色"贩卖机"，角色共有两个造型——"贩卖机 – 整体"与"贩卖机 – 局部"。为了在购买物品时对选择种类的识别更加精准，我们在"贩卖机 – 局部"中去除了货架上的物品图案，改为建立一个物品角色配合显示。

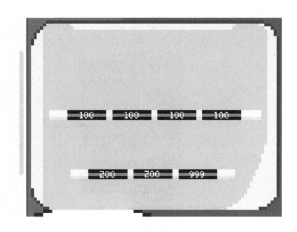

接下来对角色进行初始设置，新建一个变量（初次开启贩卖机）并设为 0，用于控制贩卖机的操作说明显示与否，如下图所示。

我们不希望所有的功能在游戏一开始就全部开启，所以我们对贩卖机功能的开启增加一个条件，比如当主角色的等级大于 1 级。这样玩家就不会因为同时出现多个操作说明而发生漏读的情况，也能为每一个新开启的功能预留时间进行尝试。合理的时间间隔可以让玩家对后续的功能抱有期待，并积极地尝试我们制作的游戏内容。

初次开启贩卖机时会有相关的操作说明，再次开启则不会执行操作说明。注意场景变化时角色显示的图层顺序，这里将贩卖机置后避免遮挡主角色。

需要注意的是，这里修改变量数值的位置与之前稍有不同，我们没有在说明结束之后就对变量数值进行修改，而是希望在完成说明对应的操作之后，即主角色与贩卖机进行互动后再对变量数值进行修改。这样可以避免我们因打算延后尝试新功能而导致忘记说明内容。

具体设置如下图所示。

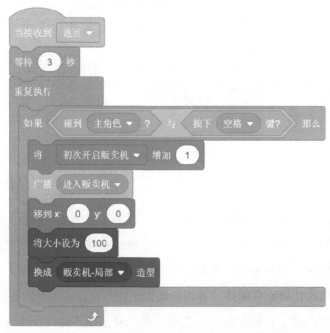

接下来在执行广播"进入贩卖机"后对角色参数进行调整，并制作贩卖机中的物品角色。为了方便制作素材，此处所有物品外观均使用胶囊状表示，当然大家也可以根据自己的喜好来重新创作。案例中胶囊角色共有八个造型，包括七个颜色不同的胶囊与一个返回键。

　　参考属性设置角色的程序，使用克隆功能将不同种类的胶囊置于货架上。各胶囊摆放在货架上的位置存在一定规律，可以尝试使用循环结构配合坐标变化规律来缩减程序长度。

　　记得要对按键触发进行二次判断，并且在购买物品后要扣除相应数量的金币。

　　具体设置如下图所示。

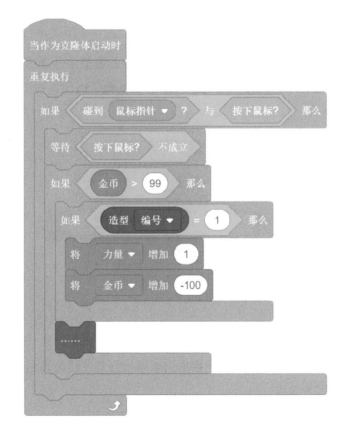

当鼠标指针单击返回键（即造型编号为 8 的克隆体）时，程序所执行的功能稍有不同，只需执行广播"退出贩卖机"。

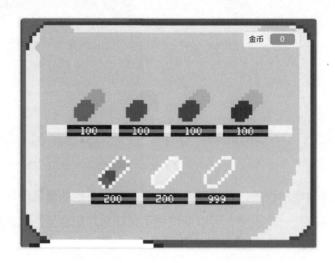

下面我们要为每一个胶囊添加介绍，从左向右、从上到下依次是：力量胶囊：可增加 1 点力量属性；智力胶囊：可增加 1 点智力属性；体力胶囊：可增加 1 点体力属性；幸运胶囊：可增加 1 点幸运属性；复合胶囊：全部属性增加 1 点；经验胶囊：可增加 100 点经验值；神秘胶囊：功能未开启。

我们可以通过鼠标指针触碰克隆体时对该克隆体的造型编号进行判断，从而显示与之对应的介绍，这段程序可以添加在之前的功能中，也可以作为一个单独功能来制作，如下图所示。

除了这种逐一判断的方法我们还有没有更好的实现方式呢？当然是有的，通过在前面内容中学习的列表功能将存储介绍内容的列表编号与角色造型编号相对应，即可通过简短的程序实现相同的效果。

首先对列表（胶囊描述）的内容进行初始设置如下图所示。

当作为克隆体启动时，根据鼠标指针触碰到的胶囊克隆体所对应的造型编号，读取列表对应编号的内容并显示在舞台上即可，如下图所示。

当接收到广播"退出贩卖机"时，隐藏金币并将全部胶囊克隆体删除，如下图所示。

之后贩卖机的造型也要换为"贩卖机 – 整体"，同时调整到合适大小并移到相应位置，如下图所示。

15 远程攻击

15.1 拆分角色

在购物功能制作完成后，玩家可以再次进入训练室赚取金币，因为主角色靠近小野猪时会受到攻击以至传出训练室，所以接下来我们增加远程攻击功能，并在主角色中上传一组远程攻击的造型。

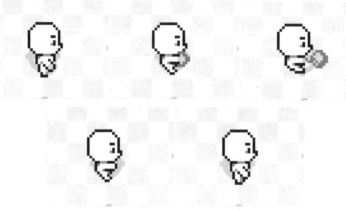

在这一组造型中只有远程攻击的起手动作和结束动作，而没有将整个远程攻击的过程全部绘制在造型中。之所以这样处理是因为我们主角色的造型相对于舞台背景是很小的，如果要实现作用于整个舞台的攻击效果就需要绘制许多造型才能保证画面的连贯性。而且主角色是可以移动的，这也意味着远程攻击的轨迹长度是无法确定的，即使想要绘制远程攻击的完整过程也没有很好的实现方式。所以这里我们采用将远程攻击的动作与远程攻击的效果拆分成两个角色的方式，在主角色切换为远程攻击抬手造型时执行广播"远程攻击"。

主角色实现远程攻击的程序可以参考前面内容中实现普通攻击的程序。因为两种攻击状态不能同时触发，所以将远程攻击的程序段直接添加在普通攻击的程序段下方，这样将两个选择结构制作在同一个循环结构内就可以确保同一时间内只会执行其中一种攻击效果。

具体设置如下图所示。

接下来对程序进行测试，我们能够发现主角色在离开训练室后依然可以通过按键实现攻击。为了避免这种情况的发生，我们可以根据当前舞台背景的编号对主角色是否可以攻击进行限制。如果主角色离开训练室的场景，就将程序中用于检测攻击按键的部分停止，只保留用于检测移动按键的部分继续运行。

主角色血条的绘制也可以通过这种方式改进成只在训练室中运行。

进行判断时，不但可以使用背景和造型的编号，还可以使用它们的名称，如下图所示。

接下来上传新角色"攻击特效"，角色使用三个造型组成了远程攻击的动态效果。因为远程攻击的发射频率是由我们设定的时间间隔决定的，所以可能会有多个同时存在于舞台中，因此我们使用克隆功能来实现远程攻击的效果。

在接收到广播"远程攻击"时进行克隆，并将克隆体移动到主角色的位置。远程攻击特效需要与主角色的起手动作有一个衔接的效果，这种位置关系我们一般在造型的绘制界面中调整。当然如果角色都居中绘制，然后通过对坐标进行补偿处理也可以，只不过需要多次测试才能找到两个角色之间合适的坐标差值。

攻击特效的运动方向应该与主角色的面向保持一致，所以要使用到侦测类别中的【（主角色）的（方向）】来获取运动方向，如下图所示。

攻击特效只需持续运动直至移动到舞台边缘或碰到怪物克隆体，具体设置如下图所示。

我们没有通过逻辑或运算将移动到舞台边缘与碰到怪物两种情况合并，因为在两种情况下执行的操作稍有区别，移动到舞台边缘的克隆体将被直接删除，而碰到怪物的克隆体需要等待 0.2 秒再删除。为什么克隆体碰到怪物要等待 0.2 秒再删除呢？这是为了给怪物检测自身是否受到攻击预留充足的时间，以免删除攻击特效克隆体的操作在攻击被怪物检测到前就率先完成。

这时有的同学会疑惑，为什么此处到边缘的判定用的数值是 200 而不是 240 呢？仔细观察一下我们攻击特效的造型，它的造型中心是在图形外部的，所以我们在设置边缘检测数值时需要进行调整，这个调整后的数值是通过经验和测试得来的近似值，并不是只能设定为 200。

15.2 开启条件

在游戏中，我们希望新的功能是随着游戏的进行而逐个开启的，所以这里给远程攻击设置一个开启条件，暂定条件为主角色等级到达 3 级。因为主角色到达 3 级时必定经历了与小野猪的战斗，在执行普通攻击时，主角色会不断受到小野猪的攻击，从而导致角色失血被传送出训练室，所以这时开启远程攻击就是一个比较好的时间点。作为首次开启远程攻击，我们将开启判定与操作提示的功能制作在游戏舱中。

具体设置如下图所示。

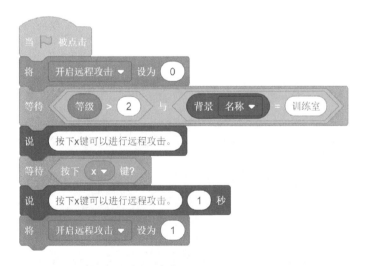

同时在远程攻击的按键判断前增加相应的选择结构，检测功能是否已经开启，如下图所示。

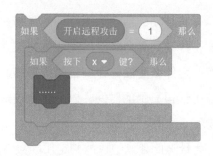

　　不过远程攻击应该是用于辅助普通攻击的操作，不应该完全替代普通攻击。既然在伤害和距离上远程攻击都占有优势，那么为了进行平衡我们就需要引入技能冷却的机制来控制远程攻击的使用频率。为了让技能冷却的进度更加直观，我们创建技能冷却角色用于显示技能是否可用，以避免盲目地进行操作。下面我们上传角色"技能冷却"，角色共有四个造型，分别代表冷却的四个阶段。

　　我们首先对角色进行初始设置，考虑到要为后续开发的技能预留设置，所以这里使用克隆的方式实现功能，以方便后续开启更多技能时同时显示多个技能的冷却情况。当接收到广播"远程攻击"时开启技能冷却，将变量（开启远程攻击）设为 0，此时再次按下 X 键并不能进行远程攻击，而需要等待冷却完成后重新对变量赋值、设置造型并克隆，这样才能再次远程攻击。

当作为克隆体启动时，移动到游戏舱上方或者你觉得合适的位置，每隔 1 秒改变一次造型，在技能冷却完成后将变量（开启远程攻击）赋值为 1，并删除克隆体。

具体设置如下图所示。

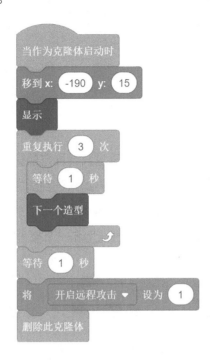

此时在怪物中需要调整两处程序用于配合远程攻击的效果：一处是怪物遭受攻击时引发造型变化的判断条件中要加入对远程攻击的识别，另一处是在怪物被远程攻击击中时要触发血量的变化，此时血量的变化数值与主角色的智力属性相关。

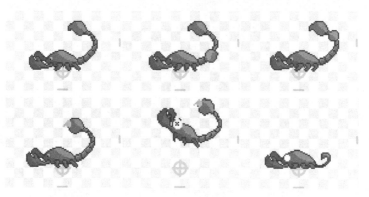

16　防御姿态 1

16.1　喷射毒液

到目前为止我们制作了两种怪物，一种是只会挨打的史莱姆，另一种是能够近身攻击的小野猪。为了丰富怪物种类，下面我们再加入一种新的可以远程攻击的怪物——毒蝎子。将用于制作毒蝎子的一组造型上传到怪物角色中，造型组要符合前面内容中定义的设计要求，以四个常规造型、一个被攻击造型和一个被击败造型为一组。

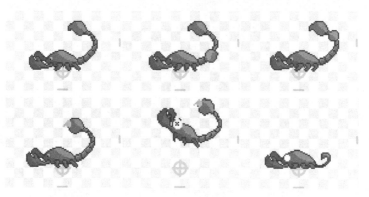

项目中与怪物刷新相关的功能都是通过参数变量配合克隆功能实现的，只需要在列表（怪物参数）中加入一组毒蝎子的相关参数就可以快速获得一个能够实现基础功能的新怪物种类。

具体设置如下图所示。

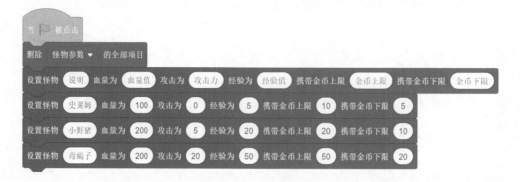

我们参考前面主角色实现远程攻击的方式，将毒蝎子的本体与攻击效果也分为两个角色来制作。远程攻击需要设定一个合理的攻击冷却时间，所以我们新建一个变量（怪物远程攻击冷却），并在接收到广播"刷新怪物"时将变量赋值为 0。

在作为克隆体启动时，由于加入了攻击冷却机制，所以冷却时间内克隆体不应该继续自动变换造型，而是要保持在蓄力阶段的最后一个造型并等待。同时在克隆体受到攻击时仍需变换为被攻击造型，随后恢复至蓄力造型并等待，所以用于实现造型变换的程序就需要做出相应的改进。首先在常规造型变换前增加一次检测，当变量（怪物远程攻击）为 0 时才可以自动变换造型。变换造型后再增加一次检测，如果造型变换到"毒蝎子 4"，即毒蝎子发出远程攻击的造型，就将变量（怪物远程攻击）赋值为 1，此时克隆体就无法再自动变换造型，从而实现了攻击冷却的效果。之后执行广播"蝎子毒"来启动攻击效果对应的程序。

具体设置如下图所示。

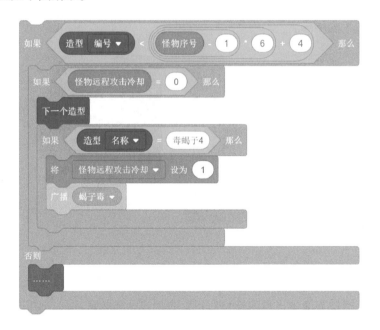

这里我们要注意，在蓄力造型变换前已经存在一个对当前造型编号进行判断的选择结构，那对造型编号和变量数值的判断有没有先后顺序呢？若两个选择结构都是如果满足条件则执行内部操作的情况，那么谁在先谁在后都可以，甚至可以通过逻辑与运算合并为一个选择结构。但是如果其中一个选择结构带有否则执行的话就需要仔细思考了。而在关于造型编号的选择结构中就带有否则执行的情况，用来在克隆体变换为被攻击造型后恢复蓄力造型。同时这段程序在攻击冷却阶段也需要运行，如果不运行就会导致克隆体在受到攻击后始终处于被攻击造型直到冷却结束，所以这里的两个条件语句是存在先后关系的。

　　下面我们要上传新角色"怪物攻击特效"，角色通过三个造型组成了攻击效果。

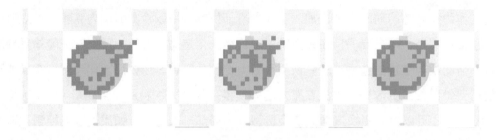

　　我们首先对怪物攻击特效进行初始设置，此处要将旋转方式设为不可旋转，这样可以保证无论如何改变角色的面向都不会影响造型的显示。在接收到广播"蝎子毒"后变换到指定造型并克隆自己。

　　具体设置如下图所示。

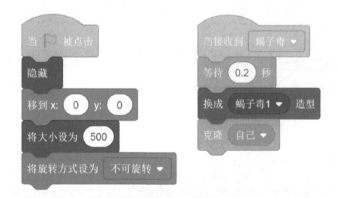

　　游戏制作后期随着怪物种类的增加可能会上传更多种类的怪物攻击特效，参考提示特效中的程序，根据克隆体当前的造型执行对应的攻击特效程序段，如下图所示。

　　当怪物攻击特效作为克隆体启动时移到毒蝎子的尾部并显示，同时面向主角色方向不断移动直到与地面接触时删除此克隆体。删除克隆体前要将变量（怪物远程攻击冷却）赋值为 0，结束冷却阶段。

　　具体设置如下图所示。

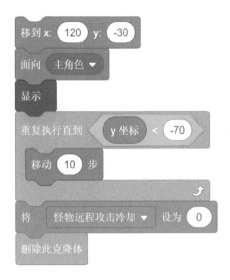

　　如果在移动路径上碰到了主角色就需要提前结束冷却阶段，在选择结构中执行【删除此克隆体】就能够结束整段程序。

　　具体设置如下图所示。

　　接着我们将变换造型的功能也加入到循环结构中，如下图所示。

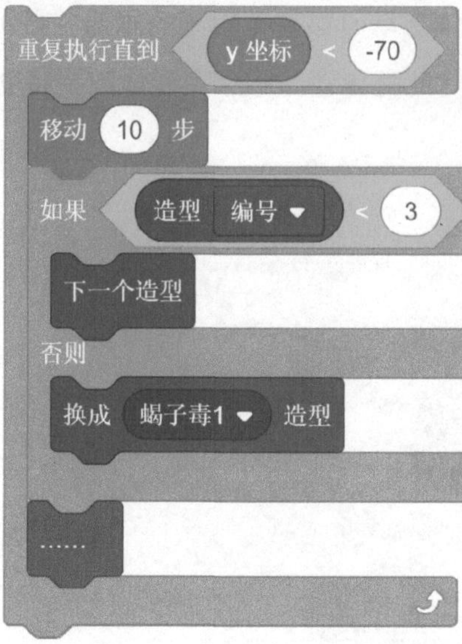

16.2　防御姿态

当主角色被怪物攻击特效击中时，血量也要减少相应怪物的攻击数值，这需要在血量变化的选择结构中使用逻辑运算对怪物攻击特效进行检测。

具体设置如下图所示。

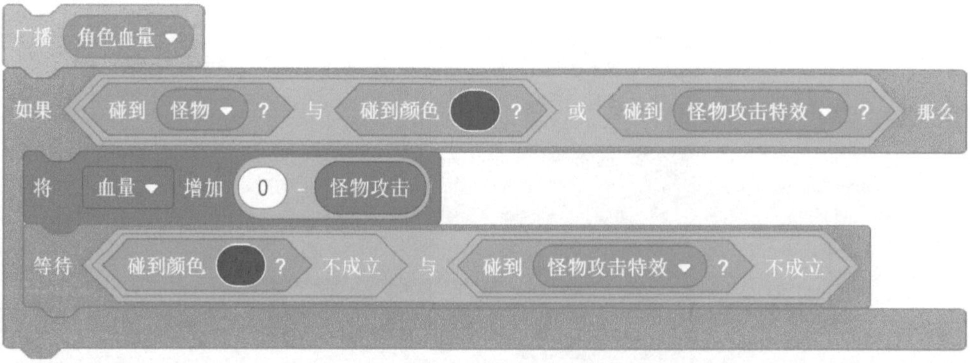

为什么先运行的【如果 <> 那么…】中使用的是逻辑或运算，而后运行的【等待 <> 】中使用的是逻辑与运算呢？

主角色无论是受到了小野猪的近身攻击还是受到毒蝎子通过怪物攻击特效进行的远程攻击，血量都会被减去相应的怪物攻击的数值。在受到单次攻击时为了避免重复扣除血量，要等到本次攻击结束才能再次进行判定。因为无法确定是通过哪种攻击进入选择结构的，所以要等到两种攻击都不成立才能继续运行。

因为蝎子毒造型的面向是由它被克隆瞬间主角色所在的位置确定的，所以我们可以通过移动主角色进行躲避。但是在主角色与毒蝎子距离较近的情况下，留给我们操作的时间非常短，以致很难实现躲避。因此为了增加游戏的可操作性我们给主角色加入防御姿态，即进入防御姿态时主角色可以抵挡来自正面的远程攻击，但同时主角色也不能够进行攻击。

防御姿态的开启方式可以参考远程攻击的开启方式，在怪物刷新出毒蝎子时，通过游戏舱进行防御姿态的操作说明并开启防御姿态。如果你设计的怪物经验和升级经验的全部参数与我们的项目相同的话，防御姿态的开启时间点会在远程攻击开启之后，所以参数的合理设定是十分重要的。

具体设置如下图所示。

当按下 C 键时主角色进入防御姿态，这里将防御姿态设计为开启一面光盾来抵挡远程攻击。因为怪物攻击特效是通过与主角色接触来触发伤害的，所以实现防御姿态的效果不能只通过在主角色中加入防御姿态的造型，同时还需要其他角色来配合。而防御姿态与远程攻击在同一时间只能执行其一，所以我们可以将防御姿态的效果添加到攻击特效角色中，同时要注意光盾的位置要与主角色有配合。

防御姿态与普通攻击或远程攻击是不能同时进行的，所以在主角色实现远程攻击的程序段下方继续制作实现防御姿态的程序段。当开启防御姿态并按下 C 键时就会执行广播"防御姿态"，直到松开 C 键主角色才会退出防御模式。

具体设置如下图所示。

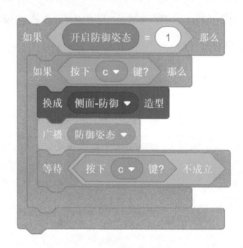

此时攻击特效中的程序需要稍作调整，可以参考之前提示特效的修改方式。当接收到不同的广播时，角色切换为不同造型并克隆自己，克隆体根据当前造型选择要执行的功能。因为角色中加入了新的造型，所以要对远程攻击阶段造型的自动变换进行限制，以便控制造型变换的范围。

具体设置如下图所示。

17 防御姿态 2

17.1 克隆继承

　　接下来我们测试程序，尝试在进行远程攻击后立刻开启防御姿态，有没有发现舞台中显示的效果与我们预期的效果出现了偏差。远程攻击的攻击特效在我们按下 C 键开启防御姿态的瞬间也切换到了防御姿态的造型。

　　这里我们要详细说明一下克隆体的继承问题，通过克隆功能生成的克隆体会继承本角色的所有程序，而不仅仅是【当作为克隆体启动】下的程序。这里出现的问题就是由于我们用于远程攻击的克隆体接收到了广播"防御姿态"，并执行了该广播触发的功能，这样不仅将自身造型切换成了防御姿态还再次生成了一个克隆体用于防御姿态。与此同时被隐藏的本体也生成了一个克隆体实现防御姿态，只不过两个防御姿态的克隆体重合在一起了。可以通过在作为防御姿态的克隆体中将【移到（主角色）】改为【移到（随机位置）】来观察克隆的效果。

这里我们是参考提示特效中的程序来制作攻击特效的，为什么在提示特效中没有发生这个问题呢？我们仔细对比一下提示特效中的程序可以发现，角色升级与属性待分配是一个连续的过程，由于提示角色中用于升级的克隆体在执行广播"属性待分配"后立刻删除了自己，所以使得在舞台中不会同时出现两个克隆体。因此当我们的克隆体也会执行克隆功能的时候一定要小心使用。

那么我们应该如何解决这个问题呢？通过上面的描述，我们知道问题的本质就是要区分当前接收到广播的是本体还是克隆体，如果接收到广播的是克隆体就跳过该广播触发的功能，什么都不执行。以此为切入点我们只要找到本体和克隆体之间的参数差异就能够解决这个问题了，在此处我们选择通过 y 坐标来进行判定。本体的 y 坐标固定为 0，而克隆体中的 y 坐标要与主角色的 y 坐标保持一致，所以在接收到广播"防御姿态"时加入选择结构用于判断当前 y 坐标的值。

具体设置如下图所示。

同理，我们可以测试一下，在开启防御姿态时按下 X 键进行远程攻击会不会有相同的问题，如果有的话就用相同的方法进行改进。经过测试发现此时运行效果没有问题，因为我们的远程攻击是按下 X 键触发，松开后克隆体会继续运行，而防御姿态是按下 C 键触发，松开后克隆体即刻删除。

17.2 嵌套

此前我们根据功能拆分的原理，将主角色中用于实现左右移动的程序与用于实现攻击或防御的程序分成两部分，两部分程序并列运行互不影响。但在加入防御姿态后，我们发现这种互不影响的状态发生了冲突。进入防御姿态时生成的防御光盾并不会随着主角色的移动而移动，在松开 C 键前防御光盾会一直显示在按下 C 键时的位置。

这里有两种改进的方法，一种是在进入防御姿态后主角色不能进行移动，另一种是防御光盾可以随着主角色的移动而移动。

如果选择第一种方法，我们只需在主角色执行移动的程序中加入一个选择结构，当进入防御姿态，即按下 C 键时将此段程序暂停，之后等待退出防御姿态，即按下 C 键不成立时再继续运行后续代码。

如果选择第二种方法，我们需要将攻击特效角色内实现防御姿态程序中等待松开 C 键的程序块，修改成重复执行移动到主角色的位置直到松开 C 键。

具体设置如下图所示。

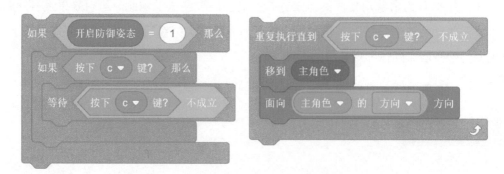

在前面内容中制作的用于实现远程攻击的程序中，攻击特效角色与怪物角色也是有关联的，当远程攻击碰到怪物时需要减少怪物的当前血量。因为在攻击特效角色中加入了防御姿态的造型，而防御姿态并不会对怪物造成伤害，所以需要在原本的判断条件中

除去防御姿态与怪物接触的情况，即在怪物碰到主角色攻击特效，且主角色攻击特效的造型编号不为 4 时减少怪物血量，如下图所示。

同理，新增的防御姿态是可以抵挡怪物攻击特效的，当怪物攻击特效碰到防御姿态时应该消失，既在怪物攻击特效碰到主角色攻击特效，且主角色攻击特效的造型编号为 4 时删除怪物攻击特效，如下图所示。

由于加入了新的判断条件，导致我们改进后的条件运算变得很长，这在我们阅读和修改的时候很不方便，因此我们可以尝试修改逻辑结构的样式。

例如在选择结构的条件中使用了逻辑与运算，即多个条件中需要满足所有条件才能执行操作。我们可以通过嵌套将需要满足的条件一层套一层，并将满足全部条件需要执行的操作写在最内层的选择结构中。

具体设置如下图所示。

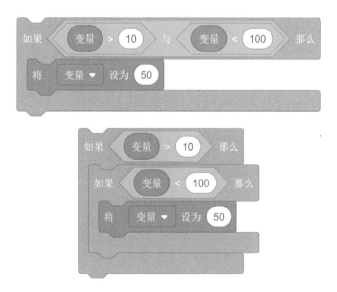

同样，如果在选择结构的条件中使用了逻辑或运算，即多个条件中满足任何一个条件都将执行操作。我们可以将其转化为多个选择结构，每个选择结构中只写入一个条件，而条件成立时执行的操作均相同，这样也能够实现相同的效果。

具体设置如下图所示。

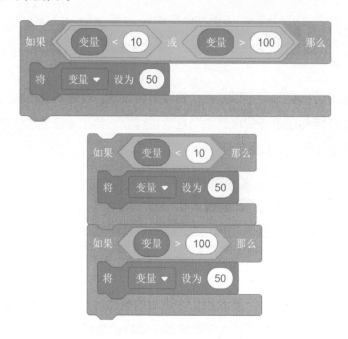

合理的简化情况也是必要的，例如我们刚刚实现了当怪物攻击特效碰到主角色防御姿态时便消失，如果要改为包括远程攻击也可以抵消怪物的攻击特效，那么思考一下相应的程序应该如何制作呢？

18 选择怪物

18.1 矢量图

随着等级提升，主角色的属性会不断加强，能够使用的技能也逐个开启。为了保持平稳的等级提升速度，我们希望进入训练室后可以手动选择合适的怪物种类进行刷新，而不是每次要从头开始再逐渐过渡到经验高、金币多的怪物种类。

我们要先将用于实现选择怪物种类的角色制作出来，即新建角色"怪物选择器"。在前面内容中我们一直使用位图来绘制角色，现在我们尝试使用矢量图进行绘制。首先使用矩形工具绘制出选择器的面板，我们会发现与位图相比较，除了填充颜色外还多了轮廓颜色及轮廓大小两个参数，用于为矩形添加边框效果。

接下来在怪物角色的造型栏中使用选择工具选取用于指代怪物种类的造型，单击复制后返回怪物选择器的造型栏并粘贴图形，再通过选择工具调整图案大小。与位图绘制不同的是，在矢量图中每次绘制的图形都会分配到一个单独的图层中，通过矢量图中的选择工具可以快速选中想要编辑的图层单独进行处理。从而避免像位图中由于将所有图形存放在一个图层中，只能通过框选来选中需要编辑的矩形部分。

接着使用文本工具写入怪物名称并调整大小及位置，完成选择器的面板部分。

最后在面板的两侧绘制三角形作为切换怪物种类的按键。在绘制工具中没有能够直接绘制三角形的工具，但我们通过矩形工具并配合变形工具可以实现任意多边形的绘制。首先使用矩形工具绘制一个矩形，然后使用变形工具单击绘制出的矩形，我们能够发现矩形的四个顶点会被标识出来，此时被标识的点叫作锚点。选中其中一个锚点，锚点会加深提示，单击工具栏中的删除或键盘的 Delete 键可以删除此锚点，于是矩形就变成了三角形，拖拽锚点可以改变边长。

如果想要制作五边形，只需使用变形工具在线段中间单击就可以增加新的锚点。删除工具左侧的曲线工具和折线工具是用来改变锚点性质的，分别对应平滑过渡和尖角，可以尝试使用并观察区别。

使用选择工具选中绘制好的三角形后复制并粘贴，注意删除工具右侧的两个工具，分别是水平翻转和垂直翻转。翻转与旋转不同，翻转是对图形进行镜像变换。

最后通过复制当前造型并进行修改，得到三种怪物对应的选择器造型。

18.2 切换与选择

接下来对怪物选择器进行初始设置，当进入训练室时显示，退出训练室时隐藏，如下图所示。

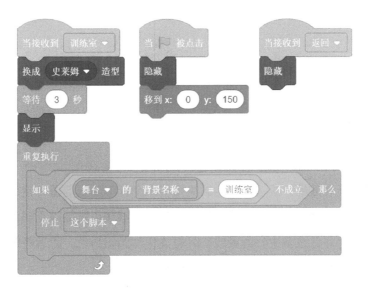

这里的选择结构用于退出训练室后释放资源并停止不必要的功能，以避免由于项目同时实现过多功能导致画面卡顿。

为了缩减角色数量，我们将切换和选择的功能都制作在了同一个角色中，那么如何来分别实现两种功能呢？仔细观察怪物选择器的造型，我们能够发现造型整体分为三部分，从左向右依次是左按键、面板和右按键，所以我们就可以将切换到上一个怪物种类、选择当前怪物种类和切换到下一个怪物种类三个功能对应到造型的三个部分，并通过（鼠标的x 坐标）来获取我们单击鼠标时鼠标指针的位置，根据鼠标单击时的位置执行对应的功能。

我们在【如果 <> 那么 ... 否则 ...】中再加入【如果 <> 那么 ... 否则 ...】，可以制作出适用于三种情况的选择结构，接着填入判断条件。

具体设置如下图所示。

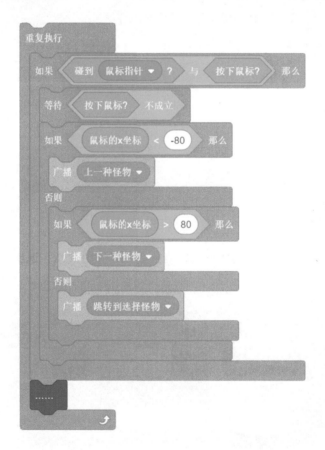

关于获取坐标界限的方法，我们可以先预估一个近似的坐标值，然后进行测试并根据测试结果再进行调整，最终实现造型的三个部分能够按照需要被正确识别。另外也可以创建一个造型为穿过造型中心的竖线，并将其作为测量角色，随后将测量角色移动到分割界限的位置，通过读取测量角色的坐标值来确定界限。

为了保证怪物种类随着游戏的进行而逐个开启，我们将可选择范围设定为常规模式下已出现过的怪物。随着主角色等级的提升和技能的开启，我们见到的怪物种类会逐渐增多，而这些见到过的怪物种类将逐一添加到可选择的范围中。

接下来我们在怪物选择器中添加新造型"未知怪物"并新建变量（怪物选择范围），之后每当遇到新的怪物种类时同步更新此变量。

具体设置如下图所示。

当接收到广播"上一种怪物"时，会根据选择器的造型是否为"未知怪物"来决定如何切换造型。如果当前造型是"未知怪物"，那么切换为已经出现过的最后一种怪物对应的选择器造型，否则就切换到当前造型的上一个造型。因为造型切换功能中默认将角色中的所有造型首尾连接，所以造型如果是"史莱姆"的话，当接收到广播"上一种怪物"就会切换到"未知怪物"，如下图所示。

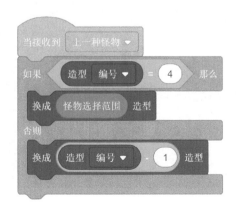

当接收到广播"下一种怪物"时，其原理与前面相同，即当前造型编号小于怪物选择范围则切换到下一个造型，否则切换为"未知怪物"，如下图所示。

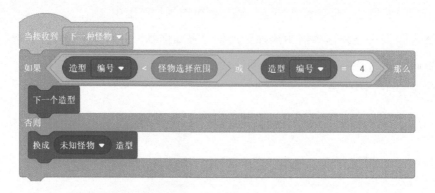

当接收到广播"跳转到选择怪物"时，通过修改变量（怪物数量）的数值以保证下一个刷新出的怪物为我们此时选择的怪物种类。将怪物血量赋值为 0 直接击败当前怪物，以便选择的怪物可以立刻刷新出来。但是直接击败怪物会获得经验，为了保证经验的正常增长，在将怪物血量赋值为 0 前要先将经验值减去当前怪物的经验，如下图所示。

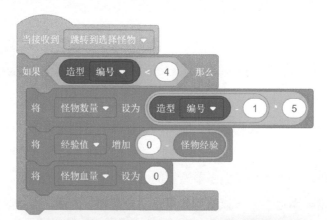

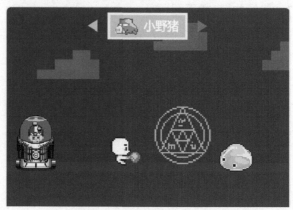

19 冒险模式

　　我们经过前面内容的学习，制作完成了游戏中的训练模式。同时在一次次添加新功能的过程中逐步搭建出了一个功能相对完善的游戏框架，接下来我们开始制作冒险模式，通过熟练运用已掌握的知识实现在游戏中添加更多的可玩机制。

　　我们首先上传新角色"士兵"作为开启冒险模式的NPC。开启冒险模式的前提是玩家已经掌握了训练模式中全部功能的操作方式，在初次开启冒险模式时，我们通过士兵执行进入冒险模式的操作指示。

　　下面对士兵进行初始设置，新建一个变量（初次开启冒险模式），并将初始数值设为0。接着使用变量（怪物选择范围）来判断当前进度是否满足开启冒险模式的条件，大家也可以选用其他合适的条件。当接收到广播"返回"并且变量（怪物选择范围）的值为3时，将士兵显示在舞台右侧，并配合造型上下浮动。

　　具体设置如下图所示。

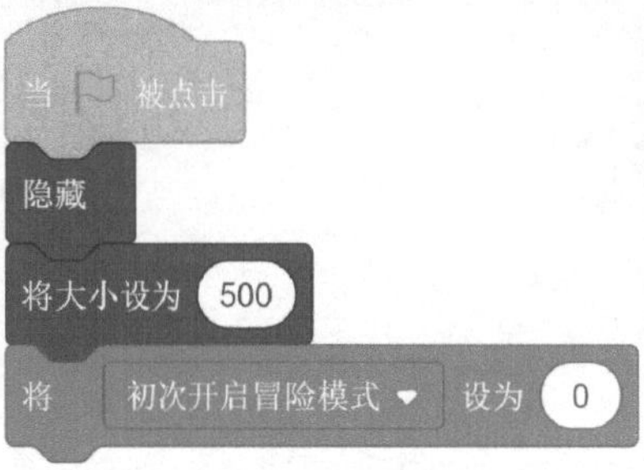

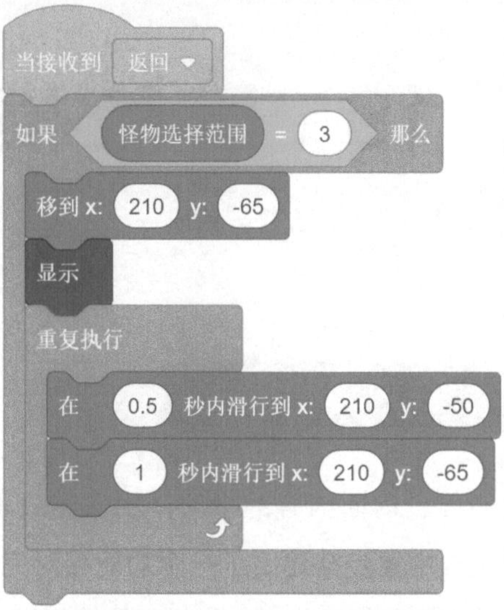

遵循功能分割的理念，我们将运动功能和提示功能分为两段程序。当士兵在舞台中显示时，根据是否为初次开启冒险模式决定要不要进行操作提示，实现方法可以参考贩卖机中的程序。当通过操作进入冒险模式后将变量（初次开启冒险模式）赋值为 1，后续接收到广播"返回"时就不会再出现此提示了。

具体设置如下图所示。

执行进入冒险模式的操作后再执行广播"冒险模式"，之后隐藏士兵并停止士兵的所有功能以释放资源，此处要注意代码模块的先后顺序，如下图所示。

与此同时，场景中的游戏舱、主角色、训练室 – 传入在接收到广播"冒险模式"时隐藏，并在不影响后续内容的基础上尽可能停止各自的功能以释放资源，如下图所示。

上述三个角色可以通过执行广播"游戏空间"和"返回"再次启动，为了避免再次执行已触发过的操作提示，我们需要新建变量（初次进入游戏空间），通过变量的数值变化对游戏舱中的说明功能进行限制。

具体设置如下图所示。

19.2　冒险地图

接下来我们上传新背景"地图背景"和新角色"冒险地图"，冒险地图中共包含 8 个造型，分别为 1 个未点亮的整体造型和 7 个点亮的碎片造型。我们要实现的效果是随着主角色不断通关，从而将对应关卡的碎片逐一点亮。

首先给背景添加一个过场效果，当接收到广播"冒险模式"时由游戏空间过渡到地图背景。

接下来对冒险地图进行初始设置，因为地图显示的样式与我们通过的关卡数是相关的，所以新建一个变量（通过关卡数），并将初始数值设为 0。

同时我们需要根据通关情况在舞台中显示出不同阶段的地图样式，其中造型"未解锁"是整幅地图的底板始终需要显示，造型"已解锁 1"代表的是训练空间，其用于切换模式也需要始终显示。"已解锁 2"到"已解锁 7"共 6 个造型分别对应后续关卡，并根据变量（通过关卡数）进行相应次数的克隆。具体设置如下图所示。

当作为克隆体启动时，除造型"未解锁"外剩余造型对应的克隆体都有各自的功能，当我们将鼠标指针移动到克隆体时，需要克隆体对自身功能进行说明，例如鼠标指针接触造型编号为 2 的克隆体时，克隆体要说："返回基地"。

具体设置如下图所示。

　　剩余 6 个已解锁造型对应的功能分别是进入关卡 1、关卡 2……我们可以参考上面的程序逐一写出。仔细观察判断条件中的造型编号与描述功能中的关卡数值能够发现两者是有固定关系的，造型 3 对应着关卡 1，造型 4 对应着关卡 2……所以我们可以总结出通用的运算公式用于带入各克隆体的功能说明，如下图所示。

　　因为执行【说（ ）（ ）秒】时程序会在此处等待相应时间，所以在循环结构中直接加入选择结构会导致无法实现实时侦测。所以需要将单击地图跳转关卡的功能单独制作成一段程序来避免此问题，参照刚刚的逻辑稍作修改即可。

　　具体设置如下图所示。

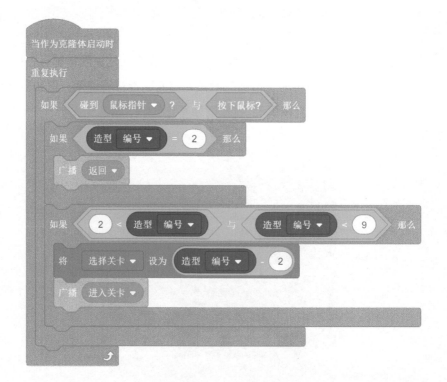

当接收到广播"返回"或"进入关卡"时将冒险地图的克隆体全部删除。如果接收到的广播为"返回",那么需要将之前隐藏的游戏舱和主角色再次显示出来,而训练室 – 传入本就有接收广播"返回"的程序,所以此处不需要再次制作,如下图所示。

当接收到广播"进入关卡"的内容我们在下面内容中继续完善。

20 惯性运动

20.1 自制积木

下面我们上传新背景"关卡背景"和新角色"测试地形",当接收到广播"进入关卡"时在舞台中显示出来,同时将主角色也在舞台中显示出来。

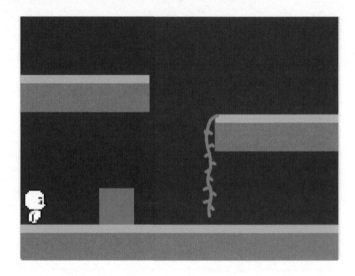

此时主角色中所有程序都已被停止,我们要为其重新制作适用于冒险模式的运动方式。我们观察测试地形能够发现,在冒险模式里不仅能够进行水平方向的移动还能够进行竖直方向的移动,而且除常规地形外还存在一些特殊地形。所以我们在主角色中通过创建自制积木将不同种类的运动功能分别封装成代码模块,单击【制作新的积木】,并在弹出窗口中输入"水平移动"。

自制积木

制作新的积木

我们之前创造过自制积木,这里再回顾一下相关用法。在弹出的窗口中除了可以输入新积木的功能描述外,还可以拖拽下方的三个模块增添到新积木中。这些模块的主要作用是实现参数的引用，就像我们使用【移动（ ）步】时通过修改参数可以实现不同的效果一样。

单击【完成】后会生成两个代码模块，其中【定义水平移动】用于制作功能的具体实现方式，而【水平移动】作为封装好的代码模块直接使用，在其被执行时会跳转到【定义水平移动】处以运行其下制作的全部功能。

自制积木通常有两种使用情景，一是用来指明功能，此时和广播的作用类似，但两者各有优势。广播可以在不同角色间使用，而自制积木只能在创建它的角色中使用。但是在自制积木中有一个可选功能"运行时不刷新屏幕"，当勾选了这个功能后，通过调用自制积木实现的效果会跳过过程只呈现最终结果，后续内容中我们会通过实例来进行更直观的比较。

二是用于多次调用的功能，通过将该功能制作成自制积木，可以在需要时直接引用定义完成的自制积木，从而有效减少代码模块的数量。而且在对功能进行修改时，我们只需修改定义部分就相当于完成了所有引用位置的修改。

下面我们在进入关卡时对主角色进行初始设置，并将【水平移动】和【竖直移动】通过自制积木进行功能分割，如下图所示。

20.2 水平移动

通过观察测试地形，我们发现在冒险模式中有些位置需要跳跃才能通过，联想一下现实生活中实现跳跃的整个动作过程，我们可以将动作拆分为竖直方向的跳起和水平方向的惯性前进，所以新建一个变量（速度），用于实现惯性。

当我们按下方向键的←键或者→键时，主角色面向对应方向并移动，并且我们按下方向键的时间越长，主角色移动的速度就会越快。

具体设置如下图所示。

当松开方向键时，速度逐渐减小直至速度为 0，具体设置如下图所示。

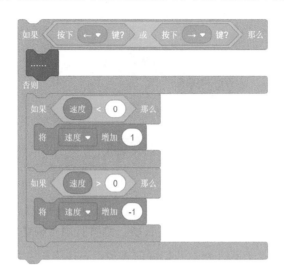

随着游戏的不断制作，如果每次功能测试都要从头开始运行，那么将会是非常浪费时间与需要耐心的，所以如何跳过已经完成测试的部分直接测试当前功能呢？我们通过运行启动测试功能的广播，并修改限制变量的数值让其满足启动条件就可以实现了。

在测试中我们发现，如果主角色的运动速度过快，就无法让它按照我们的需要停在指定的位置，所以可以尝试给速度添加限制条件，将其最大值限制为 10。

由于惯性的原因，当我们改变运动方向时，主角色需要滑行一段距离才能够向此时面向的方向移动。如果通过预估提前量来进行控制，那么对我们操作的要求就会很高，所以我们增加一个选择结构在进行变向操作的时候将速度直接归零。下面给出了向左移动的修改方式，参考并完成向右移动的修改。

具体设置如下图所示。

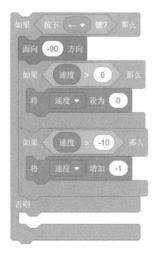

惯性移动的基本功能已经实现了，接下来我们在按下方向键时加入行走的造型来完善效果，如下图所示。

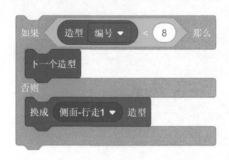

在测试地形中我们绘制了一个灰色的石块，并将其用于模仿我们生活中的路障，主角色不能够直接穿过这个石块，那么我们如何实现用石块阻挡主角色前进呢？

在现实生活中，我们能够提前看到石块并在石块前停下，但是在程序中我们只有在撞到石块后才能够发现石块，所以我们只能在撞到石块后进行后退的操作。只不过在计算机的快速处理下，这个前进再后退的过程瞬间就能完成，我们的肉眼很难在舞台中观察到这个过程，所以最终看到的效果只是主角色停在了石块前无法移动，如下图所示。

至于我们如何通过这个石块，在后面的内容中我们会完成竖直方向的跳起功能，配合此处制作的惯性功能，就可以实现跳跃来通过这个石块了。

21 跳跃运动

21.1 竖直移动

竖直方向的移动分为上升和下落两个阶段，主角色在跳起时需要赋予其一个向上的初始速度，并在引力的作用下向上的速度会逐渐减小到 0，此时主角色到达最高点，之后在引力的作用下开始下落，此时将下落的速度设为负值并继续减小（即向下速度的绝对值增大），直至落到地面后再将竖直方向的速度赋值为 0，从而完成整个过程。

下面我们新建一个变量（弹跳），用于记录主角色竖直方向的运动速度，在接收到广播"冒险模式"时，首先将其初始数值设为 0。当按下方向键↑键时，给主角色赋予跳起时竖直方向的初始速度，即将变量（弹跳）设为 10，之后在引力的作用下不断减小变量的数值。有了之前制作水平移动的经验，我们在制作竖直移动的过程中就可以直接给变量（弹跳）设置界限值，用以避免主角色因运动过快难以操作的情况。

具体设置如右图所示。

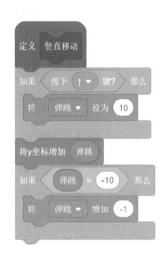

接下来要让主角色能够识别出地面，使其在下落过程中一旦接触到地面就停止下落。在场景中接触地面对应的识别条件就是接触测试地形，并且是与其中的草地或石块接触，我们通过同时对角色和颜色进行检测来实现识别，如下图所示。

因为主角色在下落到地面时竖直方向的速度不为 0，所以在与地面接触的瞬间可能会陷入地形中。

此时我们要调整主角色的位置使其正好落在地面上，这通过使用循环结构在主角色与草地或石块分离前将主角色的 y 坐标不断增加就可以实现。

这样处理还有另一个好处，就是我们在制作水平移动的功能时设置了主角色与石块的撞击检测，如果主角色陷入石块中也会触发与石块撞击的效果，那么此时主角色就会被固定在石块中无法进行水平方向的移动，以免穿越地形。

具体设置如下图所示。

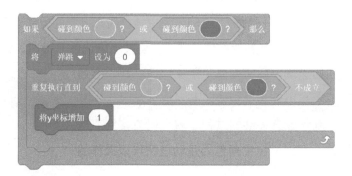

这里要注意逻辑运算的组合使用，我们需要的是既不碰到草地也不碰到石块，所以设置为 < 碰到绿色不成立 > 与 < 碰到灰色不成立 >，简化后可以设置为 < 碰到绿色或碰到灰色 > 不成立，开动脑筋仔细思考一下其中的逻辑。

我们除了要考虑主角色下落时碰到地面停止这种情况，还要考虑主角色跳起时是否会与上方地形发生碰撞，要避免穿越地形的情况发生。

接下来在与测试地形的位置检测中再加入对土块颜色的识别，如果与土块发生撞击那么将弹跳设为 0，并向下移动一段距离。这个距离不是随意设置的，需要保证主角色在移动后仍处于悬空状态，以便后续自由落体降到地面，如右图所示。

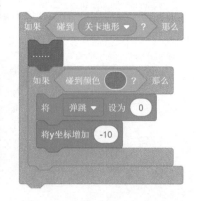

21.2　修复缺陷

我们再次对当前程序进行测试会发现两个问题，一是主角色落地陷入地形到调整至正好落于地面的时间过长，我们在舞台上能够非常清晰地观察到这个过程。二是主角色可以在空中实现连续跳跃，而这会严重影响游戏的可玩性。

首先我们来解决调整位置时间过长的情况，我们可以在主角色陷入地面时让其先上升一个较大高度，然后再通过循环结构让其上升到合适位置。但在多次测试中主角色落地的速度与陷入地面的深度都是不同的，那么如何设置这个上升高度呢？比较简单的方法就是使用落地时弹跳的数值乘以 –0.5 进行首次调整，如下图所示。

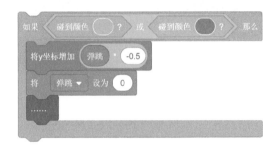

如果想要使用更快速准确的方法，可以通过计算当前主角色 y 坐标与地形中各层地面 y 坐标的差值，将主角色移动到与其差值最小的地面。计算差值时记得要使用绝对值运算，以免由于结果的正负造成情况判断错误。

对最下层草地与石块上表面两个高度进行比较时，只需要进行一次判断，如下图所示。

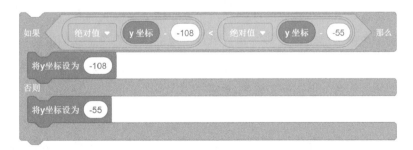

当对最下层草地、石块上表面和中间层草地三个高度进行比较时，需要进行三次判断。

具体设置如下图所示。

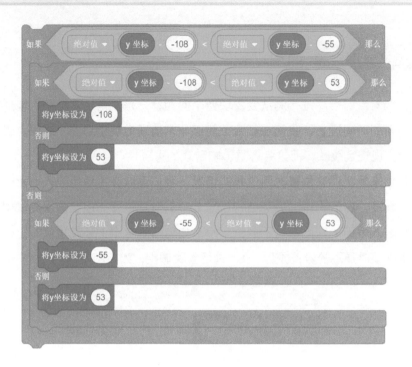

如果要对地形中四个高度进行比较则需要进行七次判断，大家可以尝试制作程序并与案例程序文件进行对比。

接下来要解决连续跳跃的问题，我们曾在前面内容中通过使用二次检测的方式解决过类似的问题，那么这里是不是只要等待方向键↑键抬起后再进行下一次按键检测就可以解决这个问题了呢？

首先造成这个问题的根本原因并不是按键被多次检测，即使我们每次按下按键后立刻松开，而一旦频率过快还是会发生同样的问题。其次在循环结构中使用等待模块会导致程序停顿，舞台中对应的效果就是主角色悬浮在半空中。

虽然不能直接通过二次检测解决问题，但是原理上是可以借鉴的，通过添加一个判断条件来控制主角色当前是否能够跳起。结合日常生活中的现象我们就能够注意到，在向上跳起时我们需要通过向地面施加力从而获得向上的反作用力，所以这里我们用来实现控制的条件就是主角色是否处于着陆状态。

我们新建一个变量（着陆），并在接收到广播"冒险模式"时将初始数值设为1。如果按下方向键↑键的同时，着陆的数值为1，那么主角色才能够对弹跳赋予初始速度。在主角色跳起时将着陆赋值为0，此时无法再触发跳跃功能，只有等到主角色落回到地面再将着陆重新赋值为1。

具体设置如下图所示。

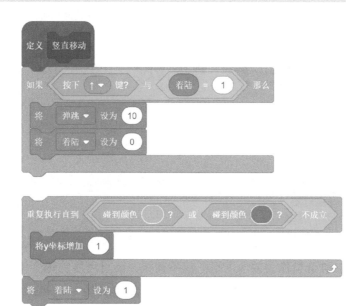

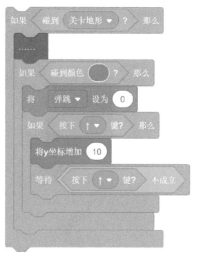

之后我们测试跑动、原地弹跳以及向前跳跃的显示效果，确保能够达到我们的要求。接下来完善当前场景中的最后一处地形——藤蔓，让主角色可以在藤蔓处实现向上攀爬的功能。

我们还是通过颜色来实现对地形的判断，并且通过二次检测确保每按下一次方向键↑键时，主角色只会向上攀爬固定距离。我们将单次移动的距离设置为10，这是为了配合向上移动时与地形碰撞的检测。如果主角色在攀爬藤蔓时与上方地形发生碰撞，那么攀爬藤蔓向上移动的10个单位与发生碰撞向下移动的10个单位抵消，主角色就表现为停留在原地。

具体设置如右图所示。

将初始设置补充完整，并在主角色静止时将造型切换为默认造型，如下图所示。

22 生成地形

22.1 地形数据

前面内容中我们在测试地形里绘制了一个比较粗糙的造型，以对主角色的运动功能进行测试，使用这种造型作为关卡地形不仅不美观，而且之后的每个关卡都要绘制新造型。那么我们有没有什么方法可以轻松地制作出优质地形呢？

我们小的时候应该都有玩过积木，虽然积木的基础形状只有简单的几种，但是我们通过不同的组合方式就能够得到许多造型。我们参照积木的概念绘制出需要用到的基础地形方块，然后将这些地形方块排布在舞台中生成关卡地形。

我们将测试地形中的造型改为空白造型，之后继续上传模块化造型"草地""土块""石块""藤蔓 - 上""藤蔓 - 中""藤蔓 - 下"到测试地形中。

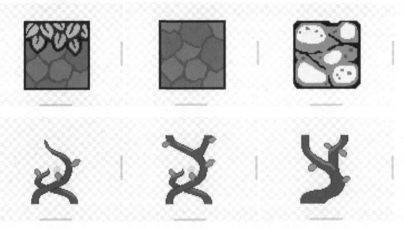

舞台坐标系中 x 坐标是从 −240 到 240，y 坐标是从 −180 到 180，即整个舞台的尺寸为 480×360，我们可以将其分割成 6 行 8 列共 48 个区域，每个区域大小为 60×60。将我们刚刚上传的造型进行调整，使其正好符合区域大小，同时还要注意每个造型的造型中心位置是否统一，尤其是几个具有连接关系的造型，需要保证其在舞台显示时不会出现错位现象。

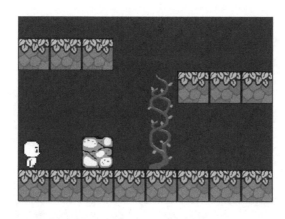

　　而生成关卡地形需要知道每一个区域对应的造型编号，也就是我们需要一个工具记录 48 个区域对应的 48 个造型编号，哪个工具能够实现大量数据的记录呢？想一想，上一次记录多个数据是在分配各怪物属性的时候，当时用到了列表工具，并举例说若将变量视为一个可以存储数据的房间，那么列表就相当于拥有许多房间的高楼。因此我们新建一个列表（当前地形数据），用以记录各区域的造型编号。

　　在设计关卡地形的时候，如果将地形数据直接写入列表中，我们可能很难想象出关卡地形会呈现出什么样的整体效果，只能通过不断测试并一次次修改来进行完善。并且在修改的时候我们还要逐个查找需要修改数据的位置，费时又费力。那么有没有什么方法可以将数据的写入方式也制作成和地形分区对应的矩阵呢？

　　方法当然是有的，那就是自制积木，不过这里要通过两个自制积木才能够实现矩阵的效果。我们首先制作【横向地形数据】这个自制积木，用于每一行地形数据的录入，即从左向右将 8 个数据依次加入到列表（当前地形数据）中。接下来将 6 个【横向地形数据】积木组合成【地形数据】积木，用于记录当前场景的所有地形数据，如下图所示。

涉及列表的使用时，记得在将数据汇总写入列表前要先将列表清空。

22.2 地形生成

我们再需要设计关卡地形的时候，只要通过填写刚刚制作好的【地形数据】积木，就可以快速地设计出想要的效果了，数字 1 代表空气，数字 2 代表草地，数字 3 代表石块……而且在修改时也可以很直观地找到需要修改数据的位置。

有了数据就可以转换出地形，我们已经将各种地形模块的造型都添加在了测试地形中，现在通过克隆功能来生成关卡地形。首先对测试地形进行初始设置，调整大小、位置并隐藏，如下图所示。

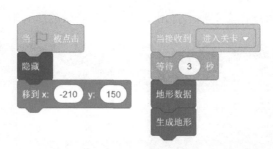

当接收到广播"进入关卡"时等待 3 秒，随后通过【地形数据】加载当前关卡的数据，之后新建自制积木【生成地形】，用于将数据转换为地形。

列表（当前地形数据）记录的数据是按照从上到下，从左向右的顺序写入的，需要新建一个变量（编号），用于将列表中的数据取出使用。将测试地形移动到舞台左上角的位置，角色在左上角并不意味着角色坐标就是（-240，180），还要考虑到造型中心的设置。我们知道每个地形模块的边长都为 60，所以要对 x 坐标和 y 坐标进行位置补偿，即将角色移动到（-210，150）的位置。

使用代码模块（当前地形数据的第（ ）项）通过编号获取当前位置的造型编号，并将角色切换至该造型，克隆自己后将编号加 1 并移动到下一个位置。如果是在同一行内移动，则只需将 x 坐标增加 60，如果需要换行，则要将 y 坐标增加 -60 并将 x 坐标重置为 -210。此时通过嵌套循环结构共生成 48 个克隆体，当作为克隆体启动时在舞台中显示。

具体设置如下图所示。

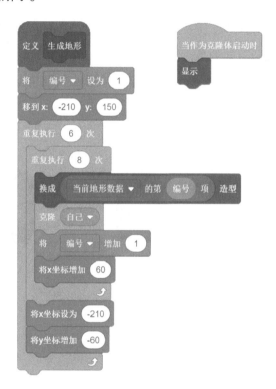

测试生成地形的功能，我们发现地形生成过程中每个区域的地形模块是按照顺序逐个显示的，那有没有什么方法可以让整个舞台的地形同时产生呢？

在前面内容中我们有提到过，在新建自制积木时有一个不起眼的功能选项——运行时不刷新。这里就可以利用这个功能，使用鼠标右键单击【生成地形】并选择编辑，在显示的界面中勾选"运行时不刷新屏幕"，这样只有在积木内的所有代码模块全部运行好后才会将最终结果显示在舞台中。

接下来可以对主角色中的参数略作调整，包括检测地形所使用的颜色以及用于着陆定位的标准高度。

23 切换关卡

接下来我们在测试地形中上传一组传送门的造型，并将主角色触碰到传送门作为通关条件。与之前几种地形不同的是，传送门在显示之后需要实现动态变化，所以在执行【当作为克隆体启动时】之后，如果造型为传送门，那么重复执行造型变换。

具体设置如下图所示。

在首次进入冒险关卡时，我们通过传送门对冒险模式的操作进行说明，设置如下图所示。

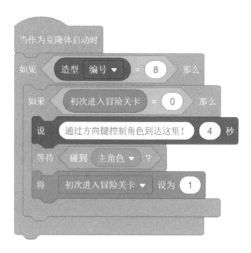

当主角色触碰到传送门时达成通关条件，此时主角色消失在传送门中，并通过执行广播"冒险模式"回到关卡选择界面，如下图所示。

接下来可以通过改变角色大小和外观特效制作通关动画，但要记得在隐藏后将角色大小和外观特效等参数重置为标准数值，以保证再次出现时能够正常显示，如下图所示。

我们当前的关卡选择模式允许在已开启的关卡中任意选择，所以在每次达成通关条件时还需要判断通过当前关卡是否需要开启新关卡，即判断我们当前通过的（选择关卡）是否等于（通过关卡数）+1，如果相等就要将通过关卡数增加 1 用以开启新关卡，如下图所示。

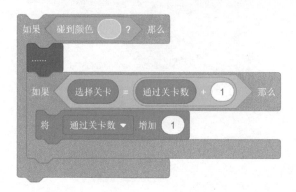

不过记得当接收到广播"冒险模式"时，将测试地形的克隆体全部删除，以确保关卡选择界面的正常显示。

23.2 更多关卡

在每次进入关卡场景并生成关卡地形前，可以根据选择关卡录入不同的地形数据用于生成对应关卡地形，只需在矩阵中改变数字就可以获得一个新的地形。

具体设置如下图所示。

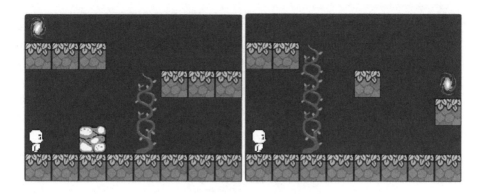

在关卡 2 中我们将增加陷阱地形用以提升游戏的趣味性，首先在测试地形中上传"陷阱 – 隐藏"和"陷阱 – 弹出"两个造型。

陷阱也是一种特殊的地形模块，当其作为克隆体启动时，如果造型是陷阱的话将保持隐藏状态，只有在主角色靠近陷阱时才会变为弹出状态，如下图所示。

如果主角色碰到了陷阱，那么将其移回当前关卡的初始位置，如下图所示。

接下来就可以在地形数据中加入陷阱地形了，如下图所示。

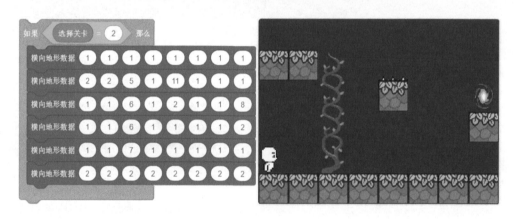

接下来在关卡 3 中加入弹簧和空气砖两种地形模块，如果主角色碰到弹簧且主角色正处于下落状态，那么弹簧就可以给主角色提供一个较大的反作用力，使主角色可以跳到更高的位置。而空气砖只能为主角色提供短暂的支撑，在碰到主角色时维持 0.1 秒随后消失，之后需要经过 2 秒的凝聚时间才能够重新生成。

具体设置如下图所示。

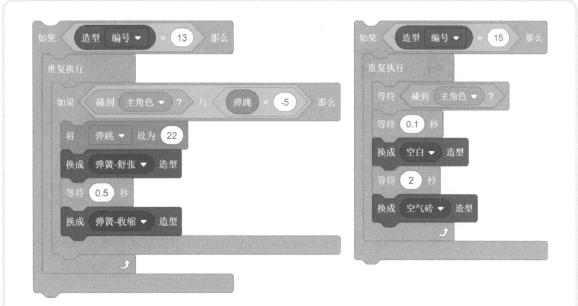

　　空气砖可以给主角色提供支撑以实现着陆的效果，所以要在判断着陆状态的条件中加入对空气砖的识别。需要注意的是，我们选取用于识别的颜色是空气砖内部的颜色，而之前在识别草地与石块时则选用了外边框的颜色。这是因为之前处理主角色陷入地形的情况时所执行的操作，导致主角色在行走时并没有与地形模块一直保持接触，所以此处如果选用了空气砖外边框的颜色作为判断依据，那么空气砖就会一直存在，这样的效果与常规地形无异，也就失去了添加它的意义，具体设置如下图所示。

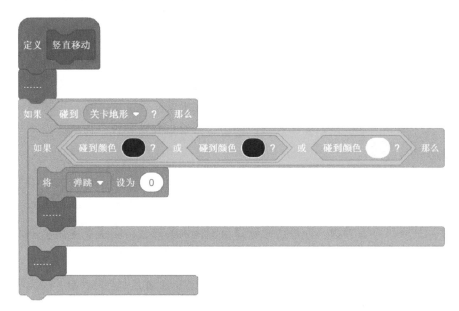

24 范围警戒

24.1 领地意识

下面我们通过在关卡中加入怪物用于看守必经路线来增加冒险模式的通关难度,只有击败怪物才能够继续前进。所以冒险模式中的怪物除了要实现训练模式中的功能,还要能在其他角色靠近时主动出击将其撵走。

首先新建角色"怪物(冒险模式)",并上传小野猪的一组造型用于关卡 4。

因为我们在训练模式中制作的怪物只需要在原地进行攻击,所以为了方便形象设计,我们直接绘制了面向左侧的怪物造型,这与软件中角色的默认面向是相反的。在当前造型下我们使用【移动( )步】让怪物角色动起来就能够发现,舞台中角色呈现的运动方向是有问题的,于是我们要先对当前造型进行水平翻转处理,让最终造型的面向与默认要求保持一致。

虽然冒险模式中的怪物依旧是通过克隆功能来实现的,但由于每个关卡中是否设置怪物?设置哪个种类的怪物?在哪个位置设置怪物?这些都具有太多的可变性,所以我们不再使用列表来存储参数,而是通过新建自制积木的方式,实现在主角色进入带有怪物看守的关卡时,对怪物的参数进行设置。

我们需要设置的参数变量包括(怪物序号)、(怪物血量)、(怪物攻击)以及两个新变量——(怪物初始位置 x)和(怪物初始位置 y)。此时冒险模式中不涉及经验值和金币的获取,后续会加入适合冒险模式的奖励机制,具体设置如下图所示。

在主角色进入关卡 4 时，通过自制积木设置怪物属性并进行克隆，如下图所示。

我们将克隆体需要实现的功能分为三部分：造型变化、血量控制和位置移动。用于实现造型变化的程序与练习模式中基本一致，只需要删除原程序中设置初始位置的代码模块即可。用于实现血量控制的程序也与练习模式中相似，只是改为使用属性设置时新增的属性变量（怪物血量总值），以此来解决当前模式中没有列表存储属性的问题。

接下来制作新广播"怪物血量（冒险模式）"，参考广播"怪物血量"时执行的程序在绘制角色中增加相应功能，如右图所示。

怪物的位置移动是新提出的功能需求，我们要从头进行制作。首先对怪物进行初始设置，包括旋转方式、初始面向和初始位置，如下图所示。

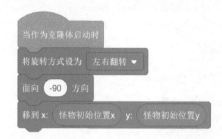

因为当前的怪物拥有领地意识，所以它能够探测出是否有其他角色进入其领地范围。通过侦测类别中的【到（ ）的距离】可以获取当前角色与指定角色间的距离，当距离小于某一界限值时，则认为有角色闯入领地。同时根据闯入角色的 x 坐标调整怪物面向并驱赶闯入角色，在驱赶成功后，怪物返回初始位置继续看守领地。

具体设置如下图所示。

接下来生成关卡地形并测试运行效果，可以发现上述程序基本实现了功能需求，只是在怪物与主角色距离过小时存在缺陷。距离过小，会导致怪物在单次移动中发生从主角色一侧移动到另一侧的现象，此时在舞台中就会呈现出怪物在主角色附近不断闪动的效果。为了解决这个问题，我们可以通过给角色间的距离增加最小界限来避免这种情况的出现，如下图所示。

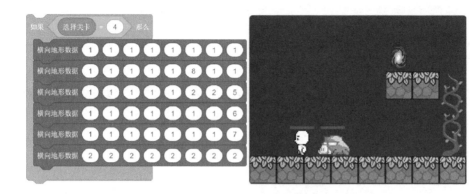

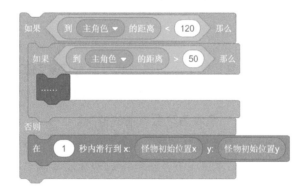

测试当前程序我们会发现改进效果并不理想，可以尝试使用如下结构并观察效果。

为什么看起来功能相同的程序实现的效果却不一样？在以上两段程序中用于监测范围的选择结构带有否则情况，如果使用了逻辑与运算就会导致否则情况的范围发生蔓延，即当两角色距离小于 50 时，也会判定为没有其他角色闯入领地。所以在使用带有否则的选择结构时一定要注意，此时加入逻辑运算是否会导致范围出错。

当前的怪物会一直追逐主角色，直至拉开足够距离，我们尝试使用选择结构对怪物的运动范围进行限制。

由于地形设计是完全开放的，可能会设计出主角色通过规划路线绕过怪物的情况，所以要为这种情况添加通关时删除怪物克隆体的功能，以避免克隆体一直存在于舞台中影响后续场景。

24.2 技能与血量

因为主角色在冒险模式中的移动是通过自制积木实现的，所以再新建【技能控制】和【血量控制】两个自制积木，如下图所示。

积木【技能控制】和【血量控制】的实现方式可以直接复制练习模式中的对应程序段，不过请注意，自制积木外侧已有循环结构，复制来的程序段需要删除最外侧的【重复执行】，并将停止程序段的条件修改为适合当前的情况。

再次测试程序可以确定已实现所有功能，只是由于游戏舱的隐藏导致技能冷却的图标位置有些突兀，因此我们可以调整冷却图标的位置到主角色的上方来显示。

25 互动地形 1

25.1 上锁的门

我们接下来在测试地形中上传造型"钥匙"和"上锁的门",其中上锁的门会阻止主角色从此处通过,在主角色拾取了舞台中的钥匙后,可以使用钥匙开启上锁的门。我们暂时将钥匙设定成消耗道具,后期也可以根据需要再将钥匙与门进行配对。

下面新建一个变量(钥匙数量),用于记录主角色在当前关卡中拾取到的钥匙数量,当生成的地形模块为钥匙时等待主角色拾取,在主角色触碰到钥匙时,将钥匙数量增加1,同时将主角色触碰到的钥匙删除,如下图所示。

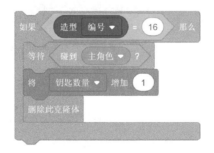

当生成的地形模块为上锁的门时等待主角色解锁,解锁要求至少拥有 1 把钥匙,即钥匙数量大于 0。在同时满足拥有钥匙和被主角色触碰两个条件时,就可以开启上锁的门并消耗掉一把钥匙,即将钥匙数量减少 1,并删除此时主角色触碰到的上锁的门,以便主角色从此处通过。

具体设置如下图所示。

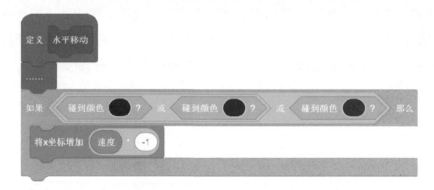

如果上锁的门未被开启，则会阻挡主角色通过，在主角色的【水平移动】积木块中找到对障碍地形的识别条件，并将当前情况加入其中，如下图所示。

之后生成关卡地形并测试运行效果，地形数据中的 18 和 19 两处地形是我们即将要制作的传送门。

25.2 传送门

接下来在测试地形中上传造型"传送入口"和"传送出口"，当主角色踏入传送入口时会直接移动到传送出口处，可以用于实现一些无法通过正常位移到达的地形。

因为传送入口是作为测试地形的克隆体生成的，主角色无法直接区分同一个角色生成的不同克隆体，所以我们需要将触发条件制作在测试地形中。我们新建一个变量（启动传送），用于在传送入口与主角色接触时触发传送功能，让主角色可以根据地形数据进行相应移动。此功能也可以通过广播来制作，只是冒险模式中对主角色的运动功能都是通过自制积木来实现的，所以此处保持统一，如右图所示。

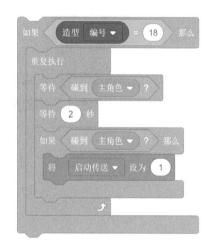

因为传送功能是可以重复触发的，所以我们使用了循环结构。为了区分主角色是要启动传送功能还是仅仅在位移过程中途经此地，我们在主角色接触到传送入口时增加延时检测。在发生接触时等待 2 秒，如果 2 秒后主角色仍在传送入口处，则认为是要启动传送功能，此时将启动传送设为 1。

完成传送功能需要知道传送出口处的坐标，所以新建两个变量（传送出口 x）和（传送出口 y），用于在生成传送出口时记录此地形模块的坐标，如右图所示。

在主角色的【水平移动】积木块中增加传送功能，如果启动传送等于 1，就将主角色移动到传送出口处，随后将启动传送重置为 0，如右图所示。

因为实现传送功能需要记录传送出口的坐标，所以每张地图中最多设计一个传送出口。

26 互动地形2

26.1 通电的门

我们在测试地形中上传电源造型组和通电的门造型组，主角色碰到通电的门会回到关卡出发点，只有通过普通攻击切断电源才能关闭通电的门。

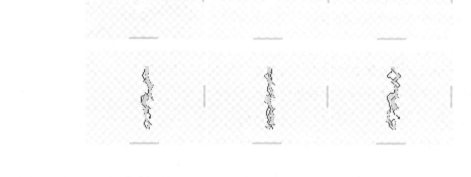

当生成的地形模块为电源时，电源会在舞台中持续闪烁进行提示。程序中以每显示0.5 秒后隐藏 2 秒作为一个变化周期，我们想到最简单的实现方式就是使用【等待（ ）秒】，如右图所示。

但是这种方式是通过将程序暂停来实现效果的，而电源需要在闪烁的同时还能够侦测是否受到主角色的攻击。实时侦测需要循环结构和选择结构配合来实现，我们要将间隔时间作为控制循环的条件，所以这里我们要用到计时器的功能。计时器可以用于记录程序运行的时间，当电源生成时，新建一个变量（切断电源），用于记录是否通电并将初始数值设为 0。之后将计时器归零，以免程序的长时间运行导致记录的时间数据超出存储范围，如下图所示。

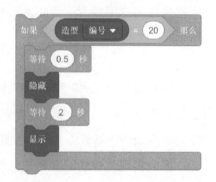

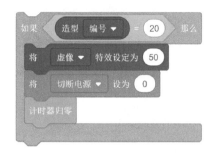

接下来使用一个循环结构来实现电源的周期显示。新建一个变量（时间节点），用于记录每个周期起始时计时器中记录的运行时间，重复执行侦测直到计时器中记录的运行时间大于时间节点中存储的时间加上状态变化的间隔时间，将电源隐藏，这样就能够实现在等待的同时进行侦测，如右图所示。

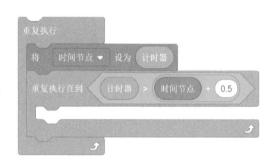

运行时间 > 节点时间 + 间隔时间 => 隐藏

当电源隐藏时不会与其他角色触发任何互动，所以直接使用【等待（）秒】即可，如下图所示。

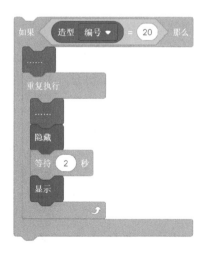

在电源显示期间，如果被主角色攻击，那么将电源切换到下一个造型，当电源被攻击三次后将损坏，此时将变量（切断电源）设为 1 并删除电源，如下图所示。

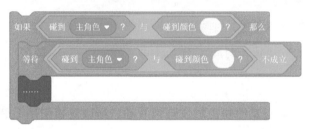

注意避免重复计次，我们可以使用等待条件不成立进行二次检测解决此问题，如下图所示。

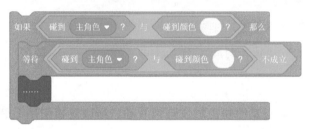

当生成通电的门时，重复执行每隔 0.2 秒切换一次造型直到电源被破坏，即变量（切断电源）等于 1 时删除通电的门。注意在克隆体生成时要等待 0.1 秒，避免通电的门在生成瞬间就被删除。同时记得在主角色中要加入触碰检测，如右图所示。

26.2 升降门

接下来在测试地形中上传"控制杆""升降门 - 关闭"和"升降门 - 开启"三个造型。主角色通过对控制杆进行普通攻击可以改变控制杆的状态，当控制杆的状态发生变化时，升降门在关闭状态与开启状态之间进行转换。

当生成的地形模块为控制杆时，新建一个变量（控制杆状态），用于辅助记录，将变量初始数值设为 0。如果主角色对控制杆进行普通攻击，那么将控制杆旋转 180°，在左右翻转的模式下其便会呈现镜像的效果，如右图所示。

变量（控制杆状态）需要和控制杆当前状态保持一致，我们可以使用下列任意一种运算来实现变量在两个数值间来回变化的效果，如下图所示。

升降门 - 关闭造型呈现为门板从下向上伸出，而升降门 - 开启造型则呈现为等待门板从上向下伸出，所以要将旋转方式设为任意旋转。当控制杆状态为 0 时，显示 90° 面向的关闭造型，当控制杆状态为 1 时，显示以 -90° 面向的开启造型，这样才能保证切换造型时门板的伸出方向一致，升降门 - 关闭中处理方法与此相同，如下图所示。

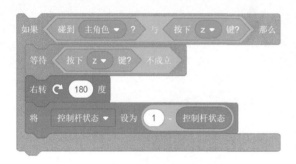

在关卡六的地形设计中充分运用此处内容，可参考下方案例。

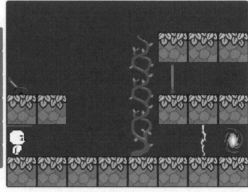

27 BOSS 关卡 1

27.1 进入 BOSS 关卡

下面我们新建角色"BOSS 关卡",并上传造型"警报 1"和"警报 2",当主角色首次通过全部常规关卡并返回关卡选择界面时,两个造型在舞台中交替显示,以此为即将开放的 BOSS 关卡烘托氛围。

我们在游戏启动时将 BOSS 关卡隐藏,仅在接收到广播"冒险模式"并且变量(通过关卡数)等于 6 时,才将其在舞台中显示出来,如下图所示。

 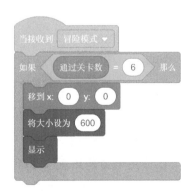

BOSS 关卡在警报 1 和警报 2 两个造型间交替显示数次后隐藏,随后会在舞台中显示出 BOSS 关卡的入口。

具体设置如下图所示。

当接收到 冒险模式 ▼

如果 通过关卡数 = 6 那么

⋯⋯

重复执行 3 次

换成 警报1 ▼ 造型

等待 1 秒

换成 警报2 ▼ 造型

等待 1 秒

隐藏

　　BOSS 关卡在地图中的显示样式要有别于之前的常规关卡，其不仅造型上要更加精致，而且表现形式上也要更加丰富。我们在 BOSS 关卡中上传造型"BOSS 关卡图标"，并通过克隆功能来实现虚像扩散的动态效果，同时加上说明字幕"进入 BOSS 关卡"以实现操作提示。

　　接下来将角色造型切换为"BOSS 关卡图标"并准备生成克隆体，因为扩散效果要求后生成的克隆体覆盖面增大、虚像特效变浅并延时出现，所以需要各克隆体能够记录自己的生成序号。因为所有克隆体的造型是相同的，所以无法使用关卡地形中的分辨方法，那么我们只能通过变量来给克隆体赋予编号。我们新建一个变量（扩散编号），注意创建此变量时要勾选"仅适用于当前角色"，即创建一个局部变量。全局变量可以被所有角色公用，而局部变量只允许当前角色使用。当生成克隆体时，局部变量也会在新克隆体中创建一个只能被此克隆体调用和修改的局部变量副本，虽然新旧两个变量的名称相同，但对应着不同的存储空间。进行克隆前将扩散编号的数值重置为 0，并在每次克隆后将变量增加 1，如下图所示。

　　最中心的克隆体和外部扩散出的虚像克隆体稍有不同，当生成中心的克隆体，即扩散编号等于 0 时，将其大小设为 100、虚像特效也设为 100 并将其显示。之后重复执行降低虚像特效值直至完全实体化，并在碰到鼠标指针时进行功能说明，如下图所示。

　　而扩散编号等于 1 的克隆体则要将其大小增加到 120 并等待 0.3 秒后显示，同时将虚像特效的变化范围缩小为 100 到 20 之间。后续克隆体的大小继续增加，显示时间继续延后，虚像变化范围继续缩小。

　　逐一制作用于表现扩散的克隆体需要大量的代码模块，为了简化程序我们可以使用扩散编号配合数学运算来作为各克隆体的参数，这样只需要将克隆体分为中心和外部两种情况处理即可。使用【如果 <> 那么 ... 否则 ...】替换【如果 <> 那么 ...】，中心克隆体的实现方式保持不变，只需将外部克隆体程序中的具体参数替换为变量运算。

　　其中克隆体的大小为 100 + 20 × 扩散编号，初次显示的时间为 0.3 × 扩散编号，虚像特效的变化范围为 100 到 100 − 20 × 扩散编号，虚像特效每次变化的数值大小为 10 − 2 × 扩散编号。

　　具体设置如下图所示。

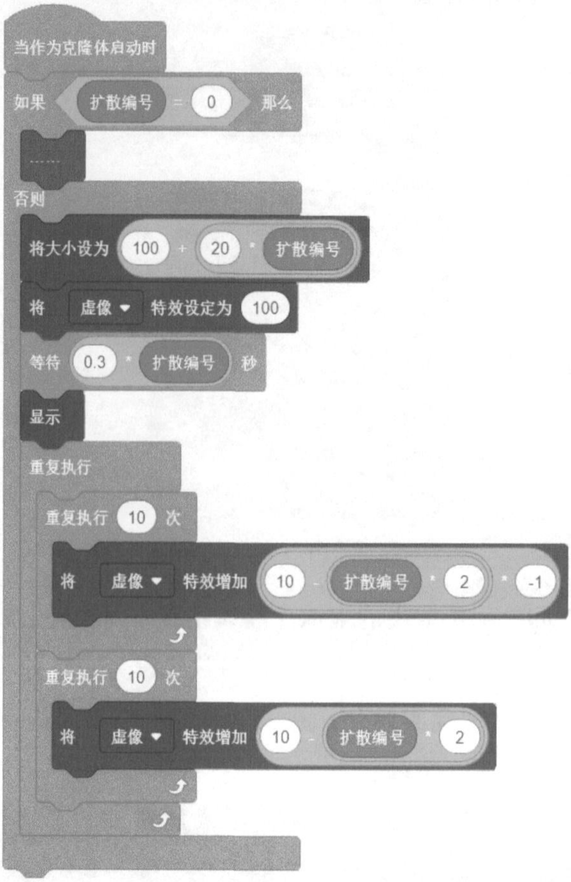

27.2 加长版地形

在游戏中，当用鼠标指针单击 BOSS 关卡图标时，系统会广播"进入 BOSS 关卡"，同时将选择关卡的数值设为 7 并删除所有克隆体。因为 BOSS 关卡图标的外形存在镂空和尖角，不能保证每次操作都可以单击到实体从而触发功能，所以我们将触发条件改进为检测鼠标指针与角色的距离，如下图所示。

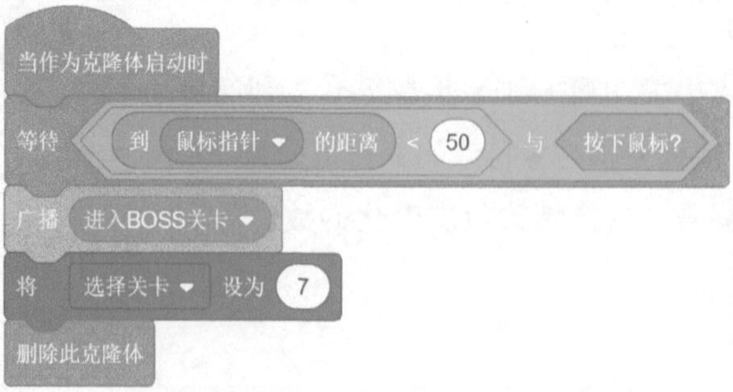

在 BOSS 关卡中，我们要一起实现一种可玩性更高的地形生成模式。在常规关卡中生成的地形固定为 6 行 8 列的样式，其正好可以完全填充舞台区域，各地形模块只要固定在预设位置即可。而在 BOSS 关卡中，我们准备将地形加长，这样就可以增添更多的互动环节。虽然在主角色运动到舞台边缘时无法再继续移动到后续地形，但是地形模块却可以进行反方向的移动，这种相对移动就可以在舞台中表现出主角色向后续地形继续移动的效果。

下面我们在测试地形中制作用于生成 BOSS 关卡地形数据的自制积木，其与常规关卡中的设计原理相同。首先自制积木【BOSS 关卡横向地形数据】，暂定生成的加长版地形为 6 行 16 列，所以这里需要添加 16 个数字输入项，其用于将每行的地形数据从左至右依次添加到列表（当前地形数据）中。之后再自制积木【BOSS 关卡地形数据】，在删除列表（当前地形数据）的全部项目后，将 6 行地形数据从上至下依次添加到列表（当前地形数据）中。

生成 BOOS 关卡地形的自制积木可以参考【生成地形】重新制作，注意设置时要勾选"运行时不刷新屏幕"，以保证地形是以整体形式显示出来。注意生成克隆体的循环次数与地形数据的数量要保持一致，考虑到生成的地形模块远远超出舞台的显示范围，所以不能够直接对 x 坐标进行修改，而是要通过新建一个变量（绝对位置），将其用于记录生成的克隆体在整个地形中的位置。由于每一个克隆体都要记录属于自己的绝对位置，所以在新建变量时注意勾选"仅适用于当前角色"。

具体设置如右图所示。

BOSS 关卡的地形不会全部显示在舞台中，而是根据地图的位移程度显示对应的部分地形，我们需要新建一个变量（地图位移量），用于记录地图的位移程度。此时每个地形克隆体相对于舞台的位置可以用绝对位置加上地图位移量得到，如果此时克隆体的相对位置在 −254 ~ 254 的范围内就会显示出来，否则不显示。这里为什么会选用 −254 和 254 作为边界值呢？我们在测试地形的 x 坐标参数栏中写入 9999 并确认之后，我们会发现参数自动转变为 255，而再写入 −9999 并确认之后，我们会发现参数自动转变为 −255，发生这种情况是因为不同的造型对应的边界值是不一样的。

　　具体设置如下图所示。

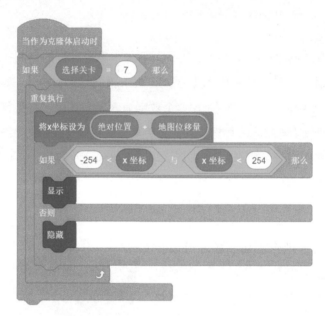

　　变量（地图位移量）的数值需要根据主角色的运动来获得，我们将在下面内容中进行制作。

28　BOSS 关卡 2

28.1　地图位移量

在 BOSS 关卡中，当主角色移动到靠近舞台边缘时，就需要通过反向移动地形模块来继续实现主角色与地形的相对运动，这种相对运动是通过变量（地图位移量）来控制的。当主角色接收到"进入 BOSS 关卡"时，需要将地图位移量的数值设为 0，同时在主角色的运动控制中加入新的自制积木【地图移动】，以用于实现地图位移量的变化，如下图所示。

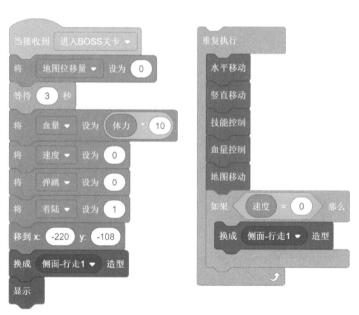

当主角色移动到靠近舞台右侧边缘时，继续按下方向键→键主角色不再移动，此时通过将地图位移量减小以实现地形模块向左移动。在前面的内容中，我们有提到过程序中对角色的位置限定属于试错型，即角色先进行移动再判断移动后的位置是否满足要求。如果满足要求，那么位置保持不变，否则将角色移动到限定位置。我们在检测到主角色超出限定位置时，首先要计算出纠正位置需要改变的位移量，之后将此位移量赋值给地图位移量，然后再将主角色移动到限定位置。同时要注意整体地形的长度，避免地形运动过量导致舞台填充不满。

当主角色移动到靠近舞台左侧边缘时设置方法类似，但要注意，地形模块要满足向左的位移量超过一定数值后才能向右退回。

具体设置如右图所示。

触发部分地形机关会导致主角色回到关卡初始位置，在回到初始位置前记得要将地图位移量重置为 0。

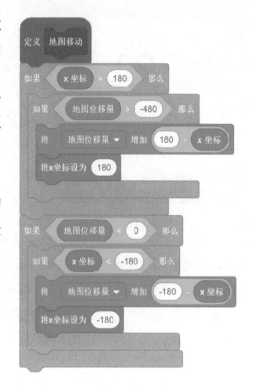

28.2　BOSS 设定

下面是 BOSS 关卡的地形数据，可以将多种互动地形穿插在一起。注意右侧的地形要设置得相对简单些，以便为主角色与 BOSS 进行战斗留有充足的空间，如下图所示。

下面我们将角色"BOSS"上传到项目中，BOSS 中包含两个用于剧情的造型、一个静止的造型、两个奔跑的造型、一个普通攻击的造型、一个释放技能的造型，以及一个技能释放时能量球的造型。

    BOSS 最开始以雕像的状态出现在 BOSS 关卡的场景中，也可以将其看作是 BOSS 关卡地形的一部分，所以需要通过绝对位置配合地图位移量来获得其在舞台中的相对位置。当相对位置的大小在指定范围内，便将其显示在舞台中，此处显示范围大于 480 是因为 BOSS 只要有局部位于舞台中就应该将其显示出来。

    具体设置如下图所示。

    当地图位移量达到 −480，即 BOSS 关卡右侧地形完全显示在舞台中时，如果此时主角色与 BOSS 之间的距离小于 100，则触发剧情——BOSS 苏醒。因为地图左侧设置了许多互动地形，所以要新建一个变量（地图锁定），用于在 BOSS 苏醒时起到停止地形随主角色移动的作用，如下图所示。

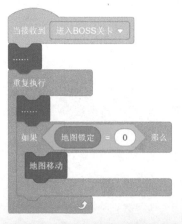

添加条件使主角色只有在地图锁定为 0 时才会进行地图移动的功能，如下图所示。

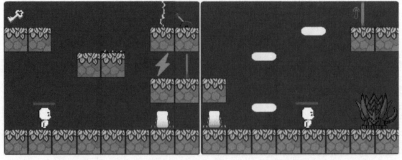

因为 BOSS 苏醒后的移动方式与处于雕像状态时不同，所以通过广播 " BOSS 苏醒"
在新程序中启动 BOSS 苏醒后的功能，注意在广播后要使用【停止这个脚本】以避免重
复启动新功能，如下图所示。

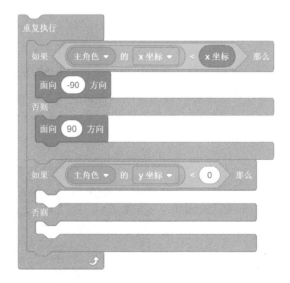

因为 BOSS 在追踪主角色时面向会发生变化，所以此处将旋转方式设为左右翻转。可以通过比较主角色的 x 坐标和 BOSS 的 x 坐标来实现 BOSS 始终面向主角色，并根据主角色的纵向位置将 BOSS 的运动方式分为两种，如下图所示。

如果主角色位于地面，那么 BOSS 会移动到主角色面前并进行普通攻击，而如果主角色位于 BOSS 无法攻击到的高处，那么 BOSS 会释放技能进行全屏攻击。

具体设置如下图所示。

在接收到广播"BOSS 弹幕"时，我们可以在克隆体中使用变量和数学运算来实现各式各样的弹幕效果，不过要注意合理设置参数以保证弹幕的密度，如下图所示。

下面我们参照怪物在冒险模式中血量显示的方法来实现 BOSS 血量的显示。当接收到广播"BOSS 苏醒"时，设置怪物血量的初始值，并确定用于绘制血量的坐标与 BOSS 坐标的相对位置关系。血量的绘制方法与变化方式保持不变，如果 BOSS 血量降至 0 就变回雕像状态，如下图所示。

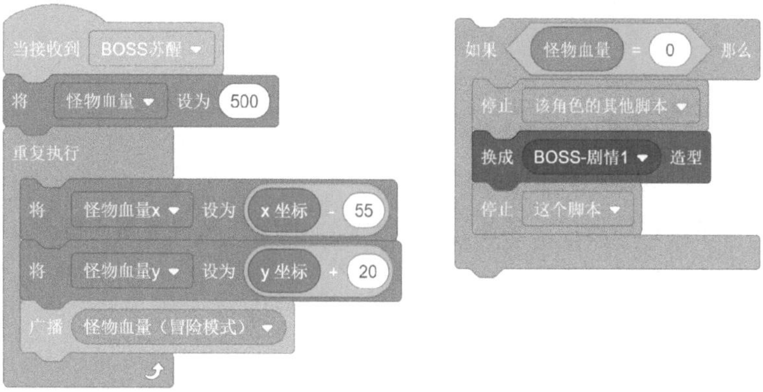

主角色的【血量控制】中也要加入对 BOSS 攻击的识别，如果在 BOSS 关卡中失败，则将直接退回到冒险地图界面，同时记得切换场景时要将 BOSS 的相关数据重置。具体设置如下图所示。

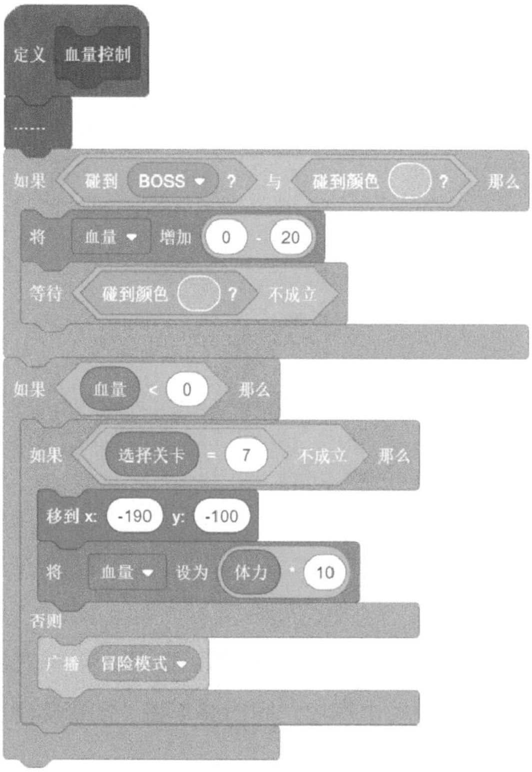

29 BOSS 奖励

29.1 奖励分级

下面我们将在测试地形中上传新造型"宝箱 – 关闭"和"宝箱 – 打开",用于在击败 BOSS 后触发奖励环节。

首先将宝箱放置在 BOSS 关卡右上角处上锁的门内侧,之后通过拾取关卡中的钥匙可以开启上锁的门。作为 BOSS 关卡的奖励,只有在击败 BOSS 后才能通过普通攻击开启宝箱,于是我们需要新建一个变量(宝箱奖励),并将其作为是否可以开启宝箱的验证条件,如下图所示。

之后在 BOSS 血量降至 0 时进行剧情对话随后隐藏,再将变量(地图锁定)重新设为 0,以便主角色可以在整张地图中移动,同时将变量(宝箱奖励)设为 1,以使得主角色可以通过普通攻击开启宝箱。

具体设置如下图所示。

为了增加趣味性，我们将设定三种不同等级的 BOSS 奖励，并通过一个抽奖环节来确定发放哪种奖励。我们将用于制作抽奖环节的多个部件上传在一个角色中，这样可以通过克隆功能缩减角色数量。接下来上传新角色"奖励评定"，角色共包含 6 个造型，分别为"滑槽"和"指针"，用于说明游戏操作的"字幕 1"，用于描述奖励内容的"字幕 2""字幕 3"和"字幕 4"。

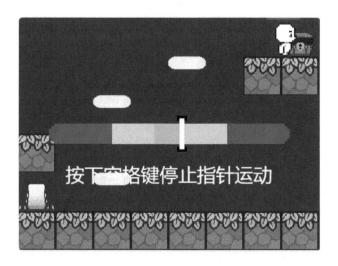

因为会使用到克隆功能，所以本体只需要进行大小和位置的初始设置，之后便将其隐藏起来。当接收到广播"开启宝箱"时，依次切换到造型"滑槽""指针"和"字幕 1"并进行克隆，如下图所示。

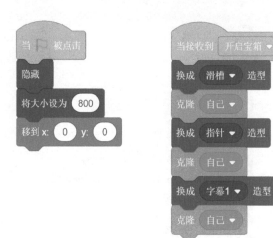

当作为克隆体启动时显示在舞台中，各克隆体根据自己的造型编号执行各自对应的功能。如果造型编号等于 1 即作为滑槽组件，其功能仅用于通过造型颜色显示分区，只需等待按下空格键确认指针停止两秒后就可以删除自己，如下图所示。

如果造型编号等于 2 即作为指针组件，需要在滑槽内来回滑动直到按下空格键确认停止。在指针超出滑槽左端点（x=−180）或右端点（x=180）时，通过改变移动方向即可实现来回滑动，通过修改单次移动步数还可以调整操作难度，如下图所示。

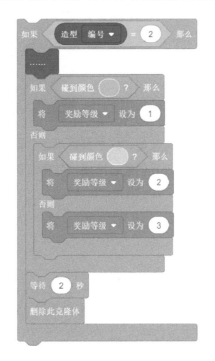

指针停止移动后，可以通过检测当前接触到的颜色来确定位于滑槽的哪一区域，并据此评定获得的奖励等级。这里使用的是【如果 <> 那么 ... 否则 ...】而不是【如果 <> 那么 ...】，用以避免指针停止在两种颜色的交界区域时发生争议。我们通过新建一个变量（奖励等级）来记录获得的奖励等级，并在两秒后删除自己，如下图所示。

如果造型编号等于 3 即作为字幕组件，初始会以"字幕 1"的造型描述抽奖环节的操作方法。在等待按下空格键确认指针停止后，将造型切换到对应奖励的字幕说明并执行相应奖励。用于描述三等奖的"字幕 2"内容为"获得金币 × 1000"；用于描述二等奖的"字幕 3"内容为"获得全属性 +5"；用于描述一等奖的"字幕 4"内容为"获得神秘装备 × 1"。

具体设置如下图所示。

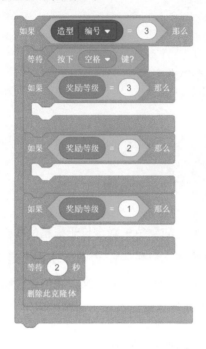

因为一等奖的内容是获得神秘装备，这个装备不但会影响角色参数的数值变化，还会涉及角色外观的显示效果，所以我们通过广播"获得装备"在稍后的新角色中实现具体的功能。

29.2 装备系统

接下来我们上传新角色"装备"，其共包含 4 个造型，分别为"雷鸣""霜寒""厚土"和"泣血"。

为了减少绘制素材的工作量，我们没有制作手持各种装备的主角色造型，而是让装备跟随在主角色的身后移动。随着通过的关卡数量不断增加，主角色可能会获得多件装备，所以我们要通过克隆功能实现装备的显示，同时我们需要新建一个列表（装备列表），用来记录已经获得的装备。之后在项目启动时要清空装备列表中的数据，然后设置好角色大小再隐藏起来。因为装备的显示与隐藏需要与主角色保持一致，而已完成的程序中并没有能够直接获取其他角色处于显示/隐藏状态的功能，所以我们需要通过新建一个变量（是否显示），用来记录主角色当前的状态。在主角色中每一个显示模块后将是否显示设置为1，在每一个隐藏模块后将是否显示设置为0。

装备中的程序在启动后会不断检测（是否显示）的数值，如果数值为1，则广播"显示"并在是否显示变为0前一直等待，否则广播"隐藏"并在是否显示变为1前一直等待。同时为了降低程序的运算量，在广播"隐藏"时可以停止角色的其他脚本，而等到广播"显示"时再重新启动。

具体设置如右图所示。

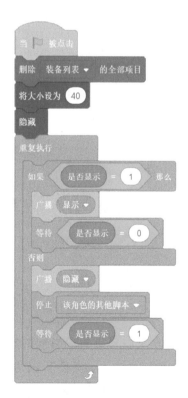

装备需要跟随主角色移动，即装备沿着主角色的移动轨迹延迟移动，那么装备当前所在位置就是主角色之前所在的位置。我们需要新建列表（x 坐标历史记录）和（y 坐标历史记录）来存储主角色的运动轨迹。

因为装备紧随着主角色移动，所以我们只需要记录主角色最近的 5 组位置信息就可以，并随着主角色的运动不断更新这 5 组位置信息。

具体设置如下图所示。

列表存储的5组位置信息中，序号越大的距离当前时间点越近。所以更新位置信息的顺序是用序号2中的数据覆盖序号1中的数据，之后用序号3中的数据覆盖序号2中的数据，接着用序号4中的数据覆盖序号3中的数据，最后再用序号5中的数据覆盖序号4中的数据。数据覆盖过程的规律十分明显，所以我们新建一个变量（历史序号），用来配合循环结构缩减实现功能的模块数量，如下图所示。

最后将主角色当前的位置信息存储到列表中，此时要注意主角色此时是否位于BOSS关卡，如果位于BOSS关卡，则要考虑地图相对运动的情况。

具体设置如下图所示。

获取到轨迹数据后，我们只要将装备列表中存储的装备显示在对应位置就可以了。在接收到广播"显示"时，先等待 0.1 秒用于生成轨迹数据，之后生成克隆体的数量等于装备列表中存储的装备数量，同时用局部变量（装备序号）存储每个克隆体生成的序号，如右图所示。

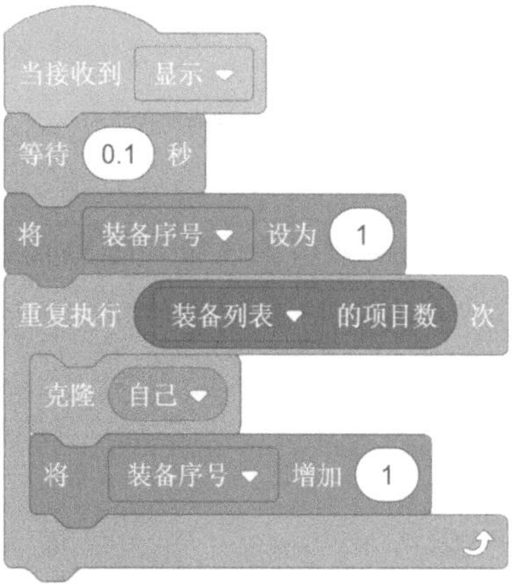

之后再根据每个克隆体的装备序号在装备列表中找到存储的装备类型并显示出来，如下图所示。

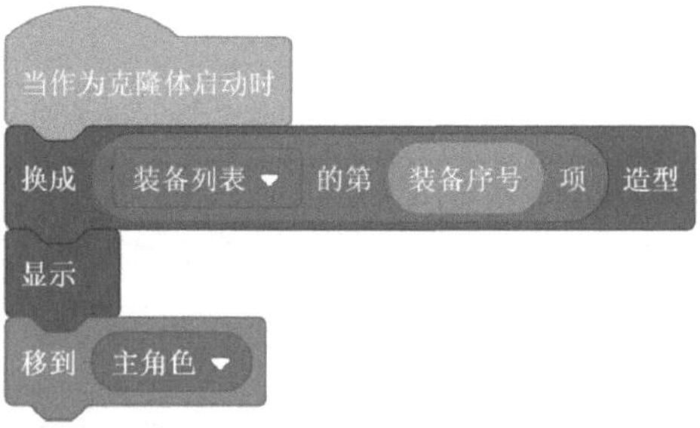

在完成记录轨迹数据后，各装备克隆体就可以根据序号显示在其对应位置处并跟随主角色运动了。此处同样要注意关卡类型是普通关卡还是 BOSS 关卡，以确定是否需要考虑地图的相对运动。

具体设置如下图所示。

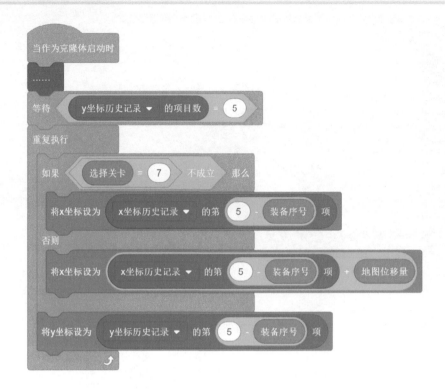

每当获得新装备，即接收到广播"获得装备"时，将该装备的类型存储到装备列表中，并通过克隆功能将新装备显示在舞台中，如下图所示。

30 字幕绘制

30.1 装备属性

在制作用于记录主角色轨迹的功能时，可以将记录的数据量设为了五组，除主角色当前位置的数据外，还有四组数据可用来放置四个装备。下面我们将装备列表的数据更新分为两种情况进行处理，如果列表中数据小于四组，则直接将新获取的装备编号加入装备列表即可，否则需要删除列表中最先加入的数据，并将后续数据依次前移，最后加入新获取的装备编号。直接加入数据时只需生成新克隆体，而修改列表整体数据时，则要先删除当前所有装备克隆体，之后按照列表数据重新生成。

具体设置如下图所示。

```
当接收到   获得装备 ▼

如果   装备列表 ▼ 的项目数  <  4   那么
    将  在 1 和 4 之间取随机数 加入 装备列表 ▼
    克隆  自己 ▼
    将  装备序号 ▼ 增加 1
否则
    将 装备列表 ▼ 的第 1 项替换为 装备列表 ▼ 的第 2 项
    将 装备列表 ▼ 的第 2 项替换为 装备列表 ▼ 的第 3 项
    将 装备列表 ▼ 的第 3 项替换为 装备列表 ▼ 的第 4 项
    将 装备列表 ▼ 的第 4 项替换为 在 1 和 4 之间取随机数
    广播  隐藏 ▼ 并等待
    广播  显示 ▼
```

每一种装备都有不同的附加属性值，回忆一下我们之前制作怪物时是如何通过列表与自制积木的配合来实现快速定义怪物属性值的。

具体设置如下图所示。

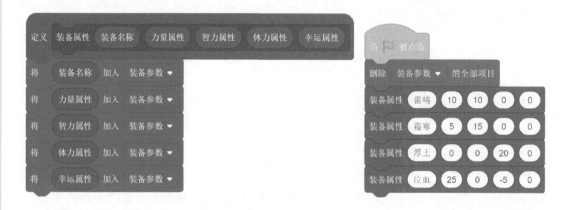

当主角色获得新装备时，我们需要将新装备的附加属性值加入到主角色对应的属性中。同样，当角色丢弃旧装备时，也要将旧装备的附加属性值从主角色对应的属性中减去，这两种操作功能类似，所以可以合并到一个自制积木中来完成。接下来自制积木中需要通过两个参数来实现功能，一个参数用于记录是获得装备还是丢弃装备，另一个参数用于记录变化的装备名称。

为了方便运算，我们可以使用数字 1 和 −1 分别对应获得和丢弃，同时用编号代替装备名称，以便从装备参数列表中获取对应装备附加的各项属性值，如下图所示。

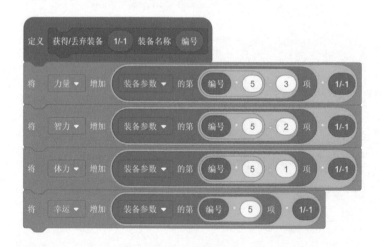

记得在获得装备后或丢弃装备前进行属性更新，如下图所示。

30.2 字符绘制

　　为了让主角色在获得或丢弃装备时，其属性的变化更加直观地表现出来，我们可以加入数据显示功能。在前面的内容中，我们都是通过外观中的【说（ ）】或制作字幕造型来进行说明，如果通过【说（ ）】来进行数据显示，虽然比较容易实现，但是显示效果会被限制，而如果通过字幕造型来进行数据显示，虽然能够根据自己想要的效果进行绘制，但每一组数据都要进行绘制，工作量又太大。那么有没有一种方法不需要逐一制作又能够生成样式多变的显示效果呢？这种方法当然是有的，这就是由我们自己来设计每一个基础数据的绘制路径，然后通过画笔工具将其绘制出来，因此新建一个角色"字符绘制"。

为了便于大家理解，我们在项目中使用的绘制路径会设计得十分简单，绘制的效果类似于数码管的显示效果。每一个基础数据都通过 3 行 3 列，共 9 个点间的连接线段来显示，当前需要制作的基础数据包括用于显示数值的数字 1、2、3、4、5、6、7、8、9、0，用于显示力量（STR）、智力（INT）、体力（VIT）、幸运（LUC）的字母 C、I、L、N、R、S、T、U、V，以及用于表示增加或减少的↑和↓等符号。

下面我们新建一个列表（可用字符数据），用于存储绘制上述基础字符的路径信息，路径信息的记录方式如下，每两个数字为一个坐标组合，每两个坐标组合为一个笔画组合，字符的所有笔画组合为该字符的路径信息。

如下图所示，画出数字 1 需要一笔，这一笔的起点坐标为（1,2）、终点坐标为（1,0），所以数字 1 对应的可用字符数据为 1210，那么数字 2 呢？

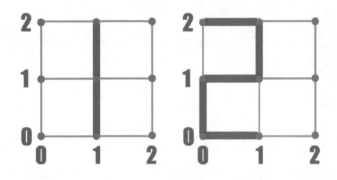

画出数字 2 需要 5 笔，依次由（0,2）移动到（1,2），由（1,2）移动到（1,1），由（1,1）移动到（0,1），由（0,1）移动到（0,0），由（0,0）移动到（1,0），所以数字 2 对应的可用字符数据为 0212121111010100010。

同时我们新建一个变量（可用字符列表），用于记录列表（可用字符数据）中存储的字符及顺序。同时在变量最后加入一个基础字符空格，列表的最后也同步加入一个空白信息，这样当前基础字符以外的字符都用空格显示。

具体设置如下图所示。

当 ▶ 被点击

将　可用字符列表 ▼　设为　1234567890CILNRSTUV↑↓

删除　可用字符数据 ▼　的第　all　项

将　1210　加入　可用字符数据 ▼

将　02121211110101000010　加入　可用字符数据 ▼

将　0212011100101210　加入　可用字符数据 ▼

将　020101111210　加入　可用字符数据 ▼

将　12020201011111101000　加入　可用字符数据 ▼

将　12020200001010111101　加入　可用字符数据 ▼

将　02121210　加入　可用字符数据 ▼

将　02000212011100101210　加入　可用字符数据 ▼

将　12020201011112101000　加入　可用字符数据 ▼

将　0200001010121202　加入　可用字符数据 ▼

将　120202000010　加入　可用字符数据 ▼

将　0200　加入　可用字符数据 ▼

将　02000010　加入　可用字符数据 ▼

将　000202101012　加入　可用字符数据 ▼

将　02121211110102000110　加入　可用字符数据 ▼

将　12020201011111101000　加入　可用字符数据 ▼

将　02000212　加入　可用字符数据 ▼

将　020000101012　加入　可用字符数据 ▼

将　020000111112　加入　可用字符数据 ▼

将　01121210　加入　可用字符数据 ▼

将　02000011　加入　可用字符数据 ▼

将　　　加入　可用字符数据 ▼

　　下面我们自制积木用于绘制字符，积木所需数据包括位置起点坐标、内容、字体大小和字体颜色。接下来我们新建一个变量（查找序号），用于识别需要绘制的字符串中的各字符，再与可用字符列表中的基础字符进行对比，得到需要绘制的字符在可用字符列表中的序号。然后新建一个列表（内容识别数据），用于存储需要绘制的字符串中的各字符转换为可用字符列表中对应的序号。

具体设置如下图所示。

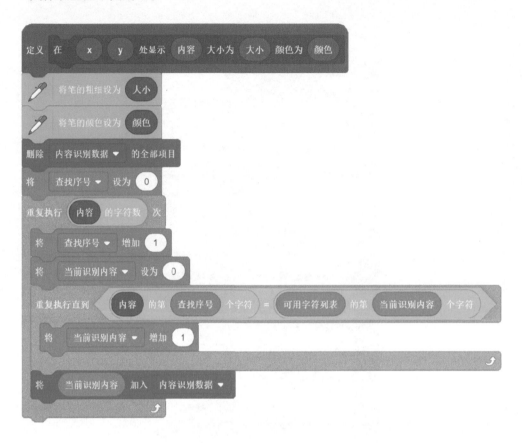

如果出现了可用字符外的字符，那么记录为空格，如下图所示。

下面我们要将汇总好的内容识别数据逐个拆分成字符，再将每个字符逐个拆分成笔画，然后绘制出来。之后通过（内容识别数据的第（查找序号）项）找到需要书写的字符，再通过（可用字符数据的第（内容识别数据的第（查找序号）项）项）获取需要书写的字符的数据。字符数据中每四个数字为一组，分别存储了字符每一笔画的起始坐标数据和结束坐标数据。

具体设置如下图所示。

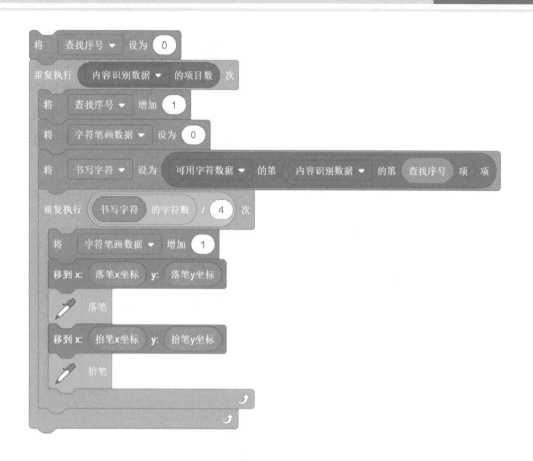

落笔的 x 坐标和 y 坐标，如下图所示。

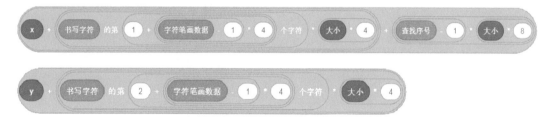

抬笔的 x 坐标及 y 坐标，如下图所示。

在需要进行字符绘制的时候，我们需要通过新建变量（文字内容）、（文字起点 x）和（文字起点 y）来记录其信息，如果需要的话还可以加入大小和颜色变量，随后广播"字符显示"。当字符绘制角色接收到广播"字符显示"时，要根据当前变量信息将其绘制在舞台中。考虑到会出现同时需要多个字符显示的情况，我们在角色字符绘制中加入了克隆功能，同时需要新建局部变量（内容）、（x）和（y），用来将多组全局变量信息分别存储在各自克隆体对应的局部变量中，如下图所示。

31 知识回顾

现在我们已经将一个游戏的基础框架搭建完成了，整个过程中使用到了软件中常用的各种代码模块，并且在使用过程中积累了许多心得，接下来让我们总结一下。

1. 运动模块

● 掌握了控制角色运动的两种方式，使用平面直角坐标系模式中的 x 坐标控制水平运动，使用 y 坐标控制竖直运动；使用极坐标系模式中的面向控制角度，使用步长控制距离。

● 在使用坐标时，要注意角色造型的造型中心位置，而在使用面向时，要注意角色的旋转方式及角色造型的样式是否与默认要求符合。

● 键盘控制的角色运动多采用平面直角坐标系模式，而鼠标控制的角色运动多采用极坐标系模式。

2. 外观模块

● 说与思考都是以语言框的形式在舞台中显示的，而不是真实发出声音，如果需要配音的话，可以使用声音模块或拓展中的文字朗读工具。

● 造型和背景可以使用名称控制或编号控制，只需要在填写名称的位置通过运算写入编号即可。

● 特效可以帮助我们快速制作出许多富有表现力的转场效果，不过要注意不同特效的特效值范围。

● 如果在角色中使用到了隐藏模块，那么一定要仔细核查是否在正确的位置加入了显示模块。

● 每一个角色都有属于自己的一个图层，根据出现的前后顺序会有遮盖，需要通过调整角色的图层顺序以达到更自然的显示效果。

3. 声音模块

● 一套优秀的音效系统可以影响到玩家的情绪体验，让人或放松，或紧张，或凄凉，或愤怒，使得项目更具情景代入感。

● 声音模块的使用方法很简单，难度不在于程序制作的过程，所以本项目中未进行音乐系统的制作。

4. 事件模块

● 掌握多种触发程序执行的方式，尤其是广播功能，在角色与角色间的互动配合上十分常见。

● 对广播的消息内容尽量做到简单易读，指代明确。

5. 控制模块

● 掌握顺序结构、循环结构和选择结构三大编程结构。

● 掌握克隆功能的使用方法，大多数情况下本体需要进行初始设置再隐藏，并根据需要生成克隆体。

● 克隆体继承本体的属性设置并显示出来，之后执行需要实现的具体功能，然后在功能完成后删除自己以释放资源。

● 每一个克隆体都相当于一个单独的角色，为了方便控制克隆体，经常会要使用局部变量。

6. 侦测模块

● 侦测的主要作用是帮助我们获取舞台中的各种信息，以及鼠标和键盘等外部设备的当前状态，其是选择结构的最佳拍档。

7. 运算模块

● 运算分为数学运算、逻辑运算和文本运算三种。

● 数学运算中除了我们常用的四则运算外，取余、取整和随机数也是十分常用的功能。

● 可以使用取余功能来进行周期判断，使用取整功能来进行状态判断，使用随机数功能来增加项目的多变性，涉及运动路径时，我们还会用到三角函数来实现一些复杂的轨迹。

● 逻辑运算包括我们常用的大于、小于、等于，以及与、或、不成立，其中大于、小于多用于边界判断，与、或、不成立用于对条件进行运算。

● 文本运算中我们最常用的就是文本连接功能，可以将变量和常量连接在一起并作为整体输出，其余功能很少使用，因为通过列表功能可以更好地实现。

8.变量模块

● 包括变量和列表两部分，变量为单一存储空间，而列表则拥有连续的多个存储空间。

● 使用时分为全局变量（适用于所有角色）和局部变量（仅适用于当前角色），全局变量适用于所有角色的存储空间，可以被所有角色读取和改变，而局部变量仅适用于当前角色的存储空间，仅可以被指定的一个角色读取和改变。

● 局部变量，经常与克隆功能配合使用，可以通过局部变量对克隆体进行编号识别。

9.自制积木

● 为了方便多次实现相同或相似的功能，我们可以通过制作自制积木来实现。

● 通过勾选来决定自制积木运行功能时是否刷新屏幕，可以帮助我们获得更好的表现效果。

10.画笔工具

● 当剧情需要时，我们可以通过画笔工具在舞台中绘制出提示或警示图标。

● 配合列表工具可以制作出文字引擎，并帮助我们制作出效果更佳的字幕系统。

在掌握了上述功能后，我们要做的就是创新与创作，将我们心中设想的各种功能真正地实现。在创作过程中，复习旧知识，发现并解决新问题，通过将各种基础功能进行组合，就可以创新出更多新的效果。

—— 推荐阅读 ——

人工智能真好玩：同同爸带你趣味编程

张冰　编著

● 孩子动手玩人工智能的起步书

● 18个精选生活案例，真正理解学习编程的本意，在玩中形成计算思维能力

● 用人工智能给快乐、思维和创意升个级

● 趣味生活真实案例、配套完整讲解视频

通过18个人工智能案例，孩子会对人工智能技术有基本了解，又可以让创造力一点就燃。每个案例通过分析拆解为多个思考阶段，逐步迭代完善效果，妙趣横生帮助孩子培养逻辑思维、创造性思维和计算思维，去揭开人工智能的神秘面纱。

同样是玩小汽车，可否想过给小汽车建个车辆管理系统。源自于真实生活的案例，引导孩子不断观察身边事物，原来编程可以这样玩，人工智能可以这样用。

人工智能编程趣味启蒙：Mind+图形化编程玩转AI

王春秋　杨少东　编著

● DFRobot 官方团队精心力作，零基础玩转 Mind+ 与 AI

● 10个超酷 AI 功能全覆盖，人脸识别、姿态追踪、语音识别、机器学习……如此简单

● Mind+ 让孩子的好奇从创意到实现，思考中培养计算思维，迈出 AI 课程学习、AI 编程赛事的第一步

10个超酷 AI 项目，让孩子从日常生活中切实体验实践 AI 功能：

旅游助手——了解文字翻译

变脸游戏——认识人脸识别

AI 试衣镜——熟悉姿态追踪

智能改造——玩转语音识别

硬件"智造"——搭建小麦 AI 机器人

跟世界冠军学VEX IQ机器人

王昕　主编

● 跟 VEX 机器人世锦赛三连冠战队体验顶级赛事经验

● 25 例经典案例深入讲解搭建技巧、编程知识

● 10 余位世界冠军分享夺冠心得、收获

● 启发、指引孩子的科技创造特长，迎接 AI 时代

本书是一本由 VEX IQ 机器人世锦赛三连冠战队的金牌教练、队员和家长共同打造的 VEX IQ 机器人教学与竞赛指南。包括全面的 VEX IQ 基础讲解，经典教学案例，让你由浅入深掌握机器人搭建与编程知识，同时更有世界冠军选手独家分享夺得世界冠军的学习、训练、竞赛经验心得，帮助你全面掌握 VEX IQ 学习与竞赛精髓。